成长的力量

心理学教授讲给孩子的 100个成长故事

梵溪 著

陕西新华出版
太白文艺出版社·西安

图书在版编目（CIP）数据

成长的力量：心理学教授讲给孩子的100个成长故事/梵溪著. —— 西安：太白文艺出版社，2023.10
 ISBN 978-7-5513-2078-8

Ⅰ.①成… Ⅱ.①梵… Ⅲ.①心理学－青少年读物 Ⅳ.①B84-49

中国版本图书馆CIP数据核字(2023)第092587号

成长的力量：心理学教授讲给孩子的100个成长故事
CHENGZHANG DE LILIANG:XINLIXUE JIAOSHOU JIANGGEI HAIZI DE 100 GE CHENGZHANG G

作　　者	梵　溪
责任编辑	曹　甜　关　珊
封面设计	张　坤
版式设计	沈　存
出版发行	太白文艺出版社
经　　销	新华书店
印　　刷	河北赛文印刷有限公司
开　　本	880mm×1230mm　1/32
字　　数	152千字
印　　张	8
版　　次	2023年10月第1版
印　　次	2023年10月第1次印刷
书　　号	ISBN 978-7-5513-2078-8
定　　价	49.80元

版权所有　翻印必究
如有印装质量问题，可寄出版社印制部调换
联系电话：029-81206800
出版社地址：西安市曲江新区登高路1388号（邮编：710061）
营销中心电话：029-87277748　029-87217872

前言

我们生活在一个复杂且不断变化的时代，现实的压力总是迫使我们不断地前行，以至于让我们没有时间停下来好好审视自己的心灵。随着生活节奏的加快、竞争的日趋激烈、人际关系的愈加复杂等一系列问题，人们的心理常常处于失衡状态，以至于有人说："人类进入了心理负重年代。"

心理学教授乔治·斯格密指出："如果说人生的成功是珍藏在宝塔顶端的桂冠，那么，健康的心理就是握在我们手中的一柄利剑。只有磨砺好这柄利剑，才能一路披荆斩棘，最终夺取成功的桂冠。"

青少年正处于人生的关键阶段。每个孩子都渴望成功，但追求成功的过程并非总是一帆风顺的，其间穿插着数不尽的坎坷和波折。在面对这些坎坷与波折时，如果心灵总是被灰黄的风沙所遮掩，那么人生岂能美好而绚烂？相反，如果我们拥有健康的心理和保持阳光心态的能力，即使面对狂风暴雨，也能化险为夷，转危为安。那时，成长道路上的坎坷将不再是折磨，而将成为一段段美好的经历。

本书用一个个鲜明生动的故事讲述心理学知识，启迪孩子思考及自我发现。这些故事包含了自我认知、自我控制、自我激励等方面，可以说与我们每个人的生活都息息相关。在每个故事后面，我们还附上了鞭辟入里、意味深长的点评，它们充满智慧地诠释了这些故事的现实意义，愿能起到以小见大、抛砖引玉的妙用。

愿每位读者都能从此书中获得成长的力量！

目录

第一章 认识真实的自己

最好的镜子是你自己 / 2

谦虚的将军 / 4

大师的底线 / 7

每一朵花都是美丽的 / 9

诗人与钟表匠 / 11

败笔和妙笔 / 13

第二名同样精彩 / 15

"我会输给很多人" / 17

摩西奶奶的建议 / 19

第二章　不断超越自我

最难说的字 / 22

重要的一课 / 26

第11次敲门 / 29

乔伊的发现 / 32

不要为自己上锁 / 34

推走心灵的巨石 / 36

站起来，你也可以成为伟人 / 38

真正的男子汉 / 40

三纹松鼠的美丽传说 / 42

甩掉怯懦的库柏法官 / 44

第三章　接纳自己的缺点

坚持本色的模特 / 48

身高1.60米的NBA球星 / 50

拥有天使翅膀的小男孩 / 52

一次精彩的演讲 / 55

摘掉生活的面具 / 57

保持自我本色 / 60

失去了左臂的柔道冠军 / 62

轻视自己的爱丽莎 / 64

第四章　享受友谊的快乐

懂得付出的小男孩 / 68

主动伸出你的手 / 71

治愈孤独的良方 / 74

蕨菜和无名小花 / 76

"聪明"的罗曼太太 / 78

冷漠是交友的天敌 / 80

开放的花园最美丽 / 82

把爱分一些给别人 / 84

两根蜡烛 / 86

两个海洋的故事 / 88

第五章　勇敢面对未来

拒绝死神的乔妮 / 92

雕塑人生的罗丹 / 95

洛奇的忠告 / 98

百折不挠的诺贝尔 / 100

猫的礼物 / 103

玛丽·凯的诞生 / 105

哈默的尊严 / 108

法拉第求职 / 110

林肯总统给弟弟的一封信 / 112
自信的小仲马 / 115

第六章　相信自己最优秀

自信勇敢的小泽征尔 / 118
给自己一面旗子 / 120
永远坐在前排的玛格丽特 / 122
水温到了茶自香 / 125
做出正十七边形的高斯 / 128
你是无法替代的 / 130
伯杰的回报 / 132
你本是条龙 / 134
成名前的大仲马 / 137
"傻瓜"哈代 / 139

第七章　摆脱挫折的阴影

最伟大的雕塑家 / 142
失败了也要昂首挺胸 / 145
弗兰克的"自由" / 147
寄往天堂的信 / 149
过去不等于未来 / 152
那不过是一件衣服而已 / 154

关上身后的门 / 156

南瓜与铁圈 / 158

用微笑代替忧伤 / 160

"我不能"先生的葬礼 / 163

米勒太太的经验 / 166

第八章　感谢苦难的磨炼

伟大的鲍比 / 170

竭尽所能突破困境 / 172

父亲的一课 / 175

第1000根弦 / 178

苦难是最好的学校 / 180

别让自己的心智老去 / 182

苦水里泡大的高尔基 / 184

坚持到最后的林肯 / 187

重要的是你如何看 / 190

不放走一秒钟 / 193

对自己说"不要紧" / 195

第九章　快乐积极地生活

积极的克里蒙·斯通 / 200

快乐的塞尔玛 / 203

坚持不懈的帕里斯 / 205

是谁捆住了你 / 207

陶罐里的鲜花 / 209

不要做一只章鱼 / 211

即将失明的帕克 / 213

没有什么不可以改变 / 216

化劣势为优势 / 218

要学好，要做得好 / 220

第十章　走出情绪的孤岛

宽容的是别人，受益的是自己 / 224

人性中最伟大的善念 / 226

铁块的价值 / 228

教授的难题 / 231

宽容大度的格兰特 / 234

原谅他人的过错 / 237

将理想保持25年 / 239

最绅士的报复 / 242

第一章
认识真实的自己

在古希腊德尔斐的一座古神庙前,有一通石碑,碑上篆刻着一句话"认识你自己",有人说这是大哲学家苏格拉底的名言,也有人说这是象征着最高智慧的"阿拉伯神谕"。这句话点出了每个人心中都无法回避的命题:认识自己。

认识自己是一个人心理健康和幸福生活的起点,如果你想让自己拥有快乐、幸福的人生,就要正确地认识自己,这样你才能扮演好自己的角色,活出自己的使命与价值。

最好的镜子是你自己

儿时的爱因斯坦和很多孩子一样，也十分地调皮贪玩，经常和一些"坏孩子"混在一起。他的父亲常常为此忧心忡忡，他想找一个办法让爱因斯坦变得好学起来。直到爱因斯坦16岁的那年秋天，一天上午，父亲将正要去河边钓鱼的爱因斯坦拦住，并给他讲了一个故事，正是这个故事改变了爱因斯坦的一生。故事是这样的：

"昨天，"爱因斯坦的父亲说，"我和咱们的邻居约翰大叔去清扫南边工厂的一个大烟囱。那个烟囱只有踩着里边的钢筋踏梯才能上去。你约翰大叔在前面，我在后面。我们抓着扶手，一阶一阶地爬了上去。下来时，你约翰大叔依旧走在前面，我还是跟在他的后面。后来，钻出烟囱，我们发现了一件奇怪的事情：你约翰大叔的后背、脸上全都被烟囱里的烟灰涂黑了，而我身上竟连一点烟灰也没有。"

爱因斯坦的父亲微笑着继续说："我看见你约翰大叔的模样，心想我肯定和他一样，脸脏得像个小丑，于是我就到附近的小河里去洗了洗。而你约翰大叔呢，他看见我钻出烟囱时干干净净的，就以为他也和我一样干净，于是就只草草洗了洗手就大摇大摆上街了。结果，街上的人都笑痛了肚子，还以为你约翰大叔是个疯子呢。"

爱因斯坦听罢，忍不住和父亲一起大笑起来。父亲笑完了，郑重地对他说："其实，谁也不能作你的镜子，只有自己才是自己的镜子。拿别人作镜子，白痴或许也会把自己照成天才。"

爱因斯坦想了想，顿时满脸愧色。

爱因斯坦从此离开了那群顽皮的孩子。他时时用自己作镜子来审视和映照自己，终于映照出了他生命的熠熠光辉。

> **智慧点睛**
>
> 　　别人并不能映照出你自己，只有自己才是最明亮的镜子。
> 　　每个人的内心世界都应有两面明镜，一面照他人，一面照自己。我们要学会反躬自省，每过一段时间就主动擦拭我们的心灵，留下有益的一部分，寻找并摒弃不利的一面。这是成功人生的必然要求。我们来到这个世界上，每个人都有自己所扮演的角色和应当承担的责任与义务，所以我们每个人都要牢记自己的使命，不断进取，努力做最好的自己。

谦虚的将军

　　一个人最难能可贵的地方,是他能够在功成名就之时仍然保持谦逊。

　　哈佛大学研究中国历史学的杜维明教授十分重视传统文化的继承,也时常会教导他的学子们要做一个谦虚的人。因为每个人都有属于他的高度,如果你不把自己放低,你就不可能看到自己和他人的真实高度。他最爱讲的是关于马歇尔将军的一则轶事。

　　乔治·马歇尔是美国的一代名将,在第二次世界大战中,他作为美国陆军参谋长,对建立国际反法西斯统一战线做出了重要贡献。

　　鉴于其卓越的功勋,1943年,美国国会同意授予马歇尔美国历史上从未有过的最高军衔——陆军元帅。但马歇尔坚决反对,他的公开理由是如果称他"Field Marshal Marshall"(马歇尔元帅),后两字发音相同,听起来很别扭。其实真正的原因是这将使他的军衔高于当时已病倒的陆军四星上将潘兴。马歇尔认为潘兴才是美国当代最伟大的军人,自己又多次受到潘兴将军的提拔和力荐,他不愿使自己崇敬的老将军的地位和感情受到伤害。

第一次世界大战中,马歇尔随美军赴欧参战。当时的美国远征军司令潘兴非常欣赏马歇尔的才能,并在大战末期将他提拔为自己的副官,视为得意门生。后来潘兴虽已退役,但仍然多次力荐马歇尔晋升。在潘兴的影响下,1939年马歇尔领临时四星上将军衔出任美国陆军参谋长。

有一件事足以说明马歇尔对潘兴的深厚感情。1938年春,马歇尔前往医院探望潘兴。潘兴若有所思地说:"乔治,总有一天你也会像我一样成为四星将军的。"马歇尔满怀感激地回答:"美国只有您有资格获四星上将军衔,绝不可能再有另一个人!"听到马歇尔的肺腑之言,潘兴顿时热泪盈眶:"谢谢你,乔治!"

马歇尔拒绝元帅军衔后,美军为了表示对他的敬意,从此不再设元帅军衔。1944年底,马歇尔晋升五星上将——美军的最高军衔。

智慧点睛

现实生活中我们会发现这样的现象:一些取得成就的人,往往会上演一幕小人得志的丑剧,将最初的谦恭忘得一干二净。真正优秀的人,他们的谦恭是由内而外、自始至终的。越在名利的顶峰处显示出的虚心,越显得弥足珍贵。

谦虚是每一个人获得成功必不可少的品质。在到达成功的顶峰之后，你会发现谦虚真的十分重要。因为只有谦虚的人才能得到智慧。你谦虚时就显得对方高大；你朴实和气，他人就愿与你相处，认为你亲切、可靠。相反，你若以强硬姿态出现，处处高于对手，咄咄逼人，他人会感到紧张，做事没有把握，而且容易让他人产生一种逆反心理，使交往和工作难以继续。

大师的底线

在一座深山中藏着一座千年古刹,有一位高僧隐居于此。

听闻他的名声,人们都千里迢迢来寻找他,有的人想向大师求解人生迷津,有的人想向大师学一些武功秘籍。

他们到达深山的时候,发现大师正从山谷里挑水。他挑得不多,两只木桶里的水都没有装满。

按他们的想象,大师应该能够挑很大的桶,而且挑得满满的。

他们不解地问:"大师,这是什么道理?"

大师说:"挑水之道并不在于挑得多,而在于挑得够用。一味贪多,适得其反。"众人越发不解。大师从他们中拉了一个人,让他重新从山谷里打了两满桶水。那人挑得非常吃力,摇摇晃晃,没走几步,就跌倒在地,水也全洒了,那人的膝盖也摔破了。

"水洒了,岂不是还得回头重打一桶吗?膝盖破了,走路艰难,岂不是比刚才挑得更少吗?"大师说。

"那么大师,请问具体挑多少,怎么估计呢?"

大师笑道:"你们看这个桶。"

众人望去,桶里画了一条线。

大师说:"这条线是底线,水绝对不能高于这条线,高于这条线就超过了自己的能力和需要。起初还需要画线,挑的次数多了以后就不用看那条线了,凭感觉就知道是多是少。有了这条线,就可以提醒我们,凡事要尽力而为,也要量力而行。"

众人又问:"那么底线应该定多低呢?"

大师说:"一般来说,越低越好,因为低的目标容易实现,人的勇气不容易受到挫伤,相反会培养起更大的兴趣和热情,长此以往,循序渐进,自然会挑得更多、挑得更稳。"

智慧点睛

无论是大师还是普通人,在能力上都会有一个底线。如果超过了这个底线,去做力不能及的事,那么再强健的人也要摔跤。能认识自己底线所在的人,必然可以诚实面对自己。

每一朵花都是美丽的

纽约市一所中学为了给贫困学生募捐,决定排演一出名为《圣诞前夜》的话剧。9岁的凯瑟琳很幸运地被老师选中扮演剧中的公主。接连几周,母亲都煞费苦心地跟她一道练习台词。可是,无论她在家里表现得多么自如,一站到舞台上,她头脑里的台词就全都消失得无影无踪了。最后,老师只好让其他同学代替了她。老师告诉凯瑟琳,她为这出戏补写了一个道白者的角色,请她调换一下角色。虽然老师的话很委婉,但还是深深地刺痛了凯瑟琳——尤其是看到自己的角色让给另一个女孩的时候。

那天回家吃午饭时,凯瑟琳没有把发生的事情告诉母亲。然而,细心的母亲却觉察到了她的不安,没有再提议练台词,而是问她是否想到院子里走走。

那是一个明媚的春日,棚架上的蔷薇藤正泛出亮丽的新绿。凯瑟琳无意中瞥见母亲在一棵蒲公英前弯下腰。"我想我得把这些杂草统统拔掉。"她说着,用力将它连根拔起。"从现在起，咱们这庭园里就只有蔷薇了。"

"可我喜欢蒲公英，"凯瑟琳抗议道，"所有的花儿都是美丽的，哪怕是蒲公英！"

母亲微笑着打量着她。"对呀，每一朵花儿都以自己的风姿给人愉悦，不是吗？"她若有所思地说。

凯瑟琳点点头，高兴自己说服了母亲。

"对人来说也是如此。"母亲又补充道，"不可能人人都当公主，不当公主并不值得羞愧。"

凯瑟琳想母亲猜到了自己的痛苦，她一边告诉母亲发生了什么事，一边失声哭泣起来。母亲听后释然一笑。

"但是，你将成为一个出色的道白者。"母亲说，并提醒凯瑟琳是如何爱朗读故事给自己听的。"道白者的角色跟公主的角色一样重要。"

智慧点睛

和百花一样，我们每个人都有各自的使命、个性和生活方式，我们每个人都要开出自己的花，完成自己的使命，这样整个世界才能和谐美丽。

诗人与钟表匠

有一位才华出众的年轻诗人,创作了很多的抒情诗篇,可是他却很苦恼,因为人们都不喜欢读他的诗。这到底是怎么一回事呢?

年轻的诗人从来不怀疑自己的创作才华。于是,他向父亲的朋友——一位老钟表匠请教。

老钟表匠听后一句话也没说,把他领到一间小屋里,里面陈列着各式各样的名贵钟表。这些钟表,诗人从来没有见过。有的外形像飞禽走兽,有的会发出鸟叫声,有的能奏出美妙的音乐……

老人从柜子里拿出一个小盒,把它打开,取出了一只样式特别精美的金壳怀表。这只怀表不仅样式精美,更奇特的是,它能清楚地显示出星象的运行、大海的潮汐,还能准确地标明日期。这简直是一只"魔表",世上到哪儿去找呀?诗人爱不释手。他很想买下这个"宝贝",就开口问表的价钱。老人微笑了一下,只要求用这个"宝贝",换下青年手上的那只普普通通的表。

诗人对换来的这块表真是珍爱至极，吃饭、走路、睡觉都戴着它。可是不久，他就到老钟表匠那儿要求换回自己原来的那块普通的手表。老钟表匠故作惊讶，问他对这样珍异的怀表还有什么感到不满意。

青年诗人遗憾地说："它不会指示时间，可表本来就是用来指示时间的。我戴着它不知道时间，要它还有什么用处呢？有谁会来问我大海的潮汛和星象的运行呢？这表对我实在没有什么实际用处。"

老钟表匠微微一笑，把表往桌上一放，拿起了这位青年诗人的诗集，意味深长地说："年轻的朋友，让我们努力干好各自的事业吧。你应该想想怎样给人们带来用处。"

诗人这时才恍然大悟，从心底里明白了这句话的深刻含义。

智慧点睛

人生的精彩不在于你做什么，而在于你是否能够成为一个有用的人，并为自己的存在而骄傲。被人们视为最有智慧的人的杰出代表——爱因斯坦，曾告诉我们："不要努力去做一个成功的人，而是要努力去做一个有价值的人。"他不仅为我们指明了人生发展的方向，而且也教会了我们一种正确对待人生的方式。

败笔和妙笔

杰克是一位年轻的画家。有一次他在画完一幅画作后，拿到展厅去展出。为了能听取更多的意见，他特意在他的画作旁放上一支笔。这样一来，每一位观赏者，如果认为此画有败笔之处，都可以直接用笔在上面圈点。

当天晚上，杰克兴冲冲地去取画，却发现整幅画上都被涂满了记号，没有一处是不被指责的。他十分懊丧，对这次的尝试深感失望。

他把他的遭遇告诉了一位朋友，朋友告诉他不妨换一种方式试试，于是，他临摹了同样一幅画拿去展出。但是这一次，他要求每位观赏者将其最为欣赏的妙笔之处标上记号。

等到他再取回画时，结果发现画上也被涂满了记号。一切曾被指责的地方，如今却都换上了赞美的标记。

"哦！"他不无感慨地说，"现在我终于发现了一个奥秘：无论做什么事情，都不可能让所有的人满意，因为，在一些人看来是丑恶的东西，在另一些人眼里或许是美好的。"

画展里的这种情况，我们在现实生活里也会常常碰到。同样的事、同样的人，常常会受到不同的待遇，产生不同的结果。仔细想想，这也并不奇怪，因为人世间每一个人的眼光各不相同，理解事物的角度也不尽相同。所以遇事要使用正确的思维方式，不要完全相信你听到的、看到的一切，也不要因为他人一时的批评而迷失自己。

智慧点睛

无论做什么，一定要对自己有一个清楚的认识，要有自己的主见，不能因为别人一时的批评和议论而迷失自己，改变自己，失去了自己的主见。

第二名同样精彩

在一部电影里有这么一段发人深省的情节。

那是1980年的一天,一个校园里正在进行一场激烈的足球比赛。有一支球队打得不错,学生啦啦队开始有韵律地喊着:

"我们第一名!我们第一名!"

教师莫里就坐在一旁,他对这加油声颇感不解,就在学生们还喊着"我们第一名"时,莫里突然站起来大吼一声:

"第二名又有什么不好!"

学生们惊讶地望着他,停止了加油声。莫里坐了下来,脸带微笑,状甚得意。

是的,第二名又有什么不好?然而,我们一生努力争取的,却是第一名。有很多人在追求第一的激烈角逐中迷失了自我,忘记了自己人生的目标,忽视了自己的成长。

事实上,获得第一名也不过是短暂的胜利。重要的不是你得到第几名,而是你从中学到一些什么。我们要有赢的决心,但同时更要把握自己,不要因为一心参与竞争而忽视了自身的成长。

> **智慧点睛**
>
> 第一名是胜利者,第二名也同样精彩。我们每天都生活在竞争中,但是人生不是比赛,生活中还有很多有意义的事情等待我们去尝试,因此,我们不能在一味的争强好胜中忘掉了自己的人生目标。

"我会输给很多人"

有一位教授住在一个离郊区不远的街区，那里有很多卖小吃的商贩。一次，这位教授带孩子散步路过，看到有一家面摊生意极好，所有的椅子都坐着人。

教授和孩子驻足围观，只见卖面的小贩把油面放进烫面用的竹捞子里，一把塞一个，仅在刹那之间就塞了十几把，然后他把叠成长串的竹捞子放进锅里烫。

接着他又以迅雷不及掩耳的速度，将十几个碗一字排开，放入佐料、盐、味精等，随后捞面、加汤，做好十几碗面的过程竟没有超过5分钟，而且他还边煮面边与顾客聊着天。

教授和孩子看呆了。

当他们从面摊离开的时候，孩子突然抬起头来说："爸爸，我猜如果你和卖面的比赛卖面，你一定输！"

对于孩子突如其来的话，教授莞尔一笑，立即坦然承认，自己一定会输给卖面的人。教授说："不只会输，而且会输得很惨。我在这世界上是会输给很多人的。"

他们在早餐店里看伙计揉面粉、做油条，看油条在锅中胀大而充满神奇的美感，教授就对孩子说："爸爸比不上炸油条的人。"

他们在饺子馆，看见一个伙计包饺子如同变魔术一样，动作轻快，双手一捏，个个饺子大小如一，晶莹剔透，教授又对孩子说："爸爸比不上包饺子的人。"

> **智慧点睛**
>
> 正视自己的缺点，才能真正地认识自己。我们在看待周围的事物时，常常会觉得自己很了不起，并因此而骄傲自大，看不起别人。然而一旦我们将心头的高傲去掉，清楚地将自己与别人做一番比较，我们就会发现自己处处有不如别人的地方。

摩西奶奶的建议

2001年3月的一天，在华盛顿国际女性艺术博物馆，举办了一场名为"摩西奶奶在20世纪"的画展。这个画展除了展出摩西奶奶的作品外，还陈列了一些来自其他国家有关摩西奶奶的私人收藏品。其中有一张明信片引起了大家的广泛关注：它是摩西奶奶于1960年寄出的，收件人是一位名叫春水上行的日本人。

这张明信片是第一次公布于众，上面有摩西奶奶画的一座谷仓和她亲笔写的一段话：做你喜欢做的事，上帝就会高兴地帮你打开成功之门，哪怕你现在已经80岁了。

摩西奶奶为什么要写这段话呢？原来这位叫春水上行的人很想从事写作，因为他从小就喜欢文学。可是大学毕业后，他却来到了一家医院工作，这让他感到很别扭。马上就30岁了，他不知该不该放弃那份令人讨厌却收入稳定的职业，去做自己喜欢的事。于是他给摩西奶奶写了一封信，希望得到她的指点。对于春水上行的信，摩西奶奶很感兴趣，因为过去的大多数来信，都是恭维她或向她索要绘画作品的，这封信却是谦虚地向她请教人生问题。虽然当时她已100岁了，还是立即做了回复。

摩西奶奶是美国弗吉尼亚州的一位农妇，76岁时因关节炎放弃农活，在这段时期她发现了自己惊人的艺术天分，并开始了她梦寐以求的绘画生涯。80岁时，摩西奶奶到纽约举办画展，引起了意外的轰动。她活到了101岁，留下绘画作品600余幅，在生命的最后一年还创作了40多幅作品。

那么，到底是什么原因让人们异常关注那张明信片呢？原来，那张明信片上的春水上行，正是在日本乃至全世界都大名鼎鼎的作家渡边淳一。也许正是这个原因，每当讲解员向参观的人讲解这张明信片时，总会对大家说："你心里想做什么，就大胆地去做吧！不要管自己的年龄有多大，现在的生活状况如何。因为，你想做什么和你能否取得成功，与这些都没有什么关系。"

智慧点睛

兴趣是最好的老师。一个人想要度过快乐的人生，唯一的秘诀就是做自己喜欢做的事。做自己喜欢做的事，能使人忘却悲哀和劳累，获得平和充实的幸福感。

第二章
不断超越自我

　　战胜自己,克服自己的胆怯,就等于战胜了最强大的敌人。无论做什么事情,我们都应当勇敢地面对挑战,只有不断地挑战自我,超越自我,才能够战胜成长过程中的一个个困难,成为最好的自己。

最难说的字

罗伯特·莫顿教授在哈佛无人不知,他的课堂堂爆满,在传授专业知识之外,他一直很关心学生们的身心健康,常常用妙趣横生的故事讲述人生的哲理。比如,下面这则故事就是他讲的一件有意思的尴尬事。

英国的赛西莉上大学一年级时,每个月有5英镑的生活费,这本该够用了,可是她却时常感到拮据。有时同学邀她参加聚会,她只好说"行",即使那意味着第二天她的午饭没有着落,她也很难说"不"。

这天上午,她的姨妈邀请赛西莉陪她去"某处吃午饭"。实际上,此时的赛西莉只有20先令了,还得维持到月底呢,可是她觉得自己"无法拒绝"。

赛西莉知道一家合适的小咖啡馆,在那儿可以一人花3先令吃顿午饭。那样的话,她就可以剩下14先令用到月底了。

"哎,"姨妈说,"我们上哪儿去呢?午饭我从不吃得太多,一份就够了。咱们去一处好点儿的地方吧。"

赛西莉领着她朝那家小咖啡馆的方向走去,突然她姨妈指着街对面的那家"典雅咖啡厅"说:"那儿不是挺好吗?那家咖啡厅看上去不错。"

"嗯,好吧,如果比起我们要去的地方,您更喜欢那儿的话。"赛西莉这样说。她可不能说:"亲爱的姨妈,我的钱不够,不能带您去那个豪华的地方,那儿太贵了。"因为她在想:"或许买一份菜的钱还是够的。"

侍者拿来了菜单,她姨妈看了一遍后说:"吃这个好吗?"

那是一道法式烹饪的鸡肉,是菜单上最贵的:7先令。赛西莉为自己点了最便宜的菜——只需3先令。这样,她用到月底的钱就还剩下10先令。不,9先令,因为她还得给侍者1先令呢。

"这位女士,您还想要什么吗?"侍者说,"我们有俄式鱼子酱"。"鱼子酱!"她姨妈叫道,"啊!对——那种俄国进口的鱼子酱,棒极了!我可以要一些吗?"

赛西莉不好意思地说:"哦,您不能,那样我用到月底的钱就只有5先令了。"

于是,她要了一大份鱼子酱,还有一杯酒和一份鸡肉。她只剩下4先令了,4先令够买一周的奶酪面包。可是,她刚吃完鸡肉,又看见一个侍者端着奶油蛋糕走过。"嘿!"她姨妈说,"那些蛋糕看上去非常好吃,我不能不吃!就吃一个小的。"

只剩3先令了。

这时侍者又端来一些水果，她肯定该吃一些。当然，还得喝些咖啡，尤其是她们在吃了这么好的午饭之后。可是，她没有钱啦！甚至准备给侍者的1先令也没有了。

账单拿来了：20先令。赛西莉在盘里放了20先令，没有侍者的小费。她姨妈看了看钱，又看了看赛西莉。

"那是你全部的钱吗？"姨妈问。

"是的，姨妈。"

"你全用来招待我吃一顿美味的午饭，真是太好了——可是太傻了。"

"啊不，姨妈。"

"你在大学学语言吗？"

"对。"

"在所有的语言当中，哪个字最难念？"

"我不知道。"

"就是'不'这个字。随着你长大成人，你得学会说'不'——即使是对非常亲近的人。我早就知道你没有足够的钱上这家餐馆，可是我想让你得个教训，所以我不停地点最贵的东西，并且注意着你的表情——可怜的孩子！"姨妈付了账，并给了赛西莉5英镑做礼物。

"天啊！"姨妈说，"这顿午餐差点撑死你可怜的姨妈了，我通常的午饭只是一杯牛奶。"

第二章　不断超越自我

> **智慧点睛**
>
> 　　有虚荣心的人是没有虚荣心的人的奴隶，因为他们力图博得后者的赞赏，这一点是毫无疑问的。
> 　　面子可以说是一种伪善的工具，在本质上会进一步培养人的虚荣心。一般来说，爱面子、讲面子都是人的一种"本能"，属于正常的心理需求，也是合情合理、天经地义的事情。然而，凡事有度，如果过分地"爱面子"，甚至达到了"活受罪"的程度，面子就会走向生活与人性的负面。而那些虚荣心很强的人，就会使出十八般武艺将面子硬撑到底，结果得不偿失。所以，不要讲面子讲过了头，否则自己的生活永远不会快乐。

重要的一课

那天的风雪下得真狂,外面像是有无数发疯的怪兽在呼啸厮打。雪恶狠狠地寻找袭击的对象,风呜咽着四处搜索,从屋顶、看不见缝隙的墙壁鼠叫似的"吱吱"而入。

大家都在喊冷,读书的心思似乎已被冻住了,满屋子都是跺脚声。

鼻头红红的布鲁斯老师挤进教室时,等待了许久的风席卷而入,墙壁上的"世界地图"一顿一鼓,被风卷向空中,又一个跟头栽了下来。

往日很温和的布鲁斯老师一反常态,满脸的严肃庄重甚至冷酷,一如室外的天气。

乱哄哄的教室静了下来,学生们惊异地望着布鲁斯老师。

"请同学们放好书本,我们到操场上去。"

"因为我们要在操场上立正5分钟。"

即使布鲁斯老师下了"不上这堂课,以后永远别上我的课"的恐吓之后,还是有几个娇滴滴的女生和几个很壮的男生没有出教室。

操场在学校的东北角,北边是空旷的菜园,再往北是一个水塘。

那天,操场、菜园和水塘被雪连成了一个整体。

矮了许多的篮球架被雪团打得"啪啪"作响,卷地而起的雪粒、雪团打在脸上,让人睁不开眼、张不开口。脸上像有无数把细窄的刀在拉、在划,厚实的衣服像铁块、冰块,脚像是踩在带冰碴的水里。

学生们挤在教室的屋檐下,不肯迈向操场半步。

布鲁斯老师没有说什么,面对学生们站定,脱下羽绒服,线衣脱到一半,风雪帮他完成了另一半。"到操场上去,站好。"布鲁斯老师脸色苍白,一字一顿地对学生们说。

谁也没有吭声,学生们老老实实地到操场上排好了三列纵队。

消瘦的布鲁斯老师只穿了一件白衬衣,更显单薄。

学生们规规矩矩地站立着。

5分钟过去了,布鲁斯老师平静地说:"解散。"

回到教室,布鲁斯老师说:"在教室时,我们都以为自己敌不过那场风雪。事实上,叫你们站半个小时,你们也顶得住,叫你们只穿一件衬衫,你们也顶得住。面对困难,许多人像戴了放大镜一样将它无限放大,但和困难拼搏一番后,你会发现,困难不过如此……"

学生们很庆幸,自己没有缩在教室里,在那个风雪交加的时刻,在那个空旷的操场上,他们上了人生重要的一课。

同时，也懂得了"风雪"在个人成长中的意义。

智慧点睛

学生们在那个风雪交加的空旷的操场上，学到了人生重要的一课，同时也让我们懂得了"风雪"在个人成长中的意义。

贝多芬以他那孤独又热烈的一生，给世界留下一句名言："用痛苦换来欢乐。"它曾经鼓舞无数人奋起和自己的不幸进行斗争。没有人生而刚毅，也没有人培养不出刚毅的性格。我们不要神化强者，以为自己成不了那种如钢铁般坚强的人。其实，普通人所有的犹豫、顾虑、担忧、动摇、失望等，在一个强者的内心世界都可能出现。伽利略屈服过，哥白尼动摇过，奥斯特洛夫斯基想过自杀，但这并不影响他们是坚强刚毅的人。刚毅的性格和懦弱的性格之间并没有鸿沟，刚毅的人不是不会软弱，只是他们能够战胜自己的软弱。只要加强锻炼，与软弱进行斗争，那你就可能成为坚强的人。

第11次敲门

通用公司的面试通知,像一缕阳光照亮了克里弗德焦急期待的心。面试那天,克里弗德精心地梳洗打扮了一番,又换了一条新领带,以祝福自己能获得好运。上午10点,他走进了通用公司的人力资源部。

等秘书小姐向经理通报后,克里弗德静了静心,提着手提包来到经理办公室门前,轻轻地敲了两下门。

"是克里弗德先生吗?"屋里传出问询声。

"面试官先生,你好!我是克里弗德。"克里弗德慢慢地推开门。

"抱歉,克里弗德先生,你能再敲一下门吗?"端坐在沙发转椅上的面试官悠闲地注视着克里弗德,表情有些冷淡。

面试官的话虽令克里弗德有些疑惑,但他并未多想,关上门,重新敲了两下,然后推门走进去。

"不,克里弗德先生,这次没有第一次好,你能再来一次吗?"面试官示意他出去重来。克里弗德重新敲门,又一次踏进房间:"先生,这样可以吗?"

"这样说话不好——"

克里弗德又一次走进去:"我是克里弗德,见到你很高兴,面试官先生。"

"请别这样。"面试官依然淡淡道,"还得再来一次。"

克里弗德又做了一次尝试:"抱歉,打扰你工作了。"

"这回差不多了,如果你能再来一次会更好,你能再试一次吗?"

当克里弗德第10次退出来时,他内心的喜悦和憧憬已消失殆尽,开始有些恼火,心想,进门打招呼哪有这么多讲究?这哪是招聘面试呀,分明是在刁难和戏弄人。

克里弗德生气地转身离开,可刚走几步又停了下来,他想,不行,我不能就这样逃开,即使公司不打算聘用我,也得听到他们当面对我说。于是,克里弗德稍稍地舒了一口气,第11次敲响了门。这次,他得到的不是拒绝,而是热烈欢迎的掌声。克里弗德没有想到,第11次敲门,叩开的竟是一扇成功之门。

原来,通用公司此次是打算招聘一名市场调查员。而一名优秀的市场调查员,不仅要具备学识素质,更要具备耐心和毅力等心理素质。这11次敲门和问候就是考查一个人心理素质的考题。

智慧点睛

人生的许多难题,如果希望有迎刃而解的局面,就必须有勇气助行。在人生的道路上,没有勇气,只有怯弱的话,生活将会一塌糊涂。有句名言说:"失败的人不一定懦弱,而懦弱的人却常常失败。"这是因为,懦弱的人害怕有压力的状态,因而他们害怕竞争。在对手或困难面前,他们往往不善于坚持,而选择回避或屈服。

懦弱通常是恐惧的游伴。懦弱带来恐惧,恐惧加强懦弱,它们都会束缚人的心灵和手脚。恐惧的字眼和言语,也常常将我们所恐惧的东西招至身边。美国最伟大的推销员弗兰克说:"如果你是懦夫,那你就是自己最大的敌人;如果你是勇士,那你就是自己最好的朋友。"对于胆怯而又犹豫不决的人来说,一切都是不可能的,正如采珠的人如果被鲨鱼吓住,怎能得到名贵的珍珠呢?那些总是担惊受怕的人,得不到真正自由的人生,因为他总是会被各种各样的恐惧、忧虑包围着,看不到前面的路,更看不到前方的风景。

同样,在这个世界上没有轻而易举可以做到的事,成功者不过是比那些失败者多试了一次。再试一次,就意味着再给自己一次机会。挫败是成功的垫脚石。遭受挫折的次数越多,你就越接近成功。

乔伊的发现

乔伊是一名出色的新闻记者，曾获得过著名的普利策新闻奖。然而正是这样一位勤奋且富有才华的人，也曾因为自己是黑人而强烈地自卑过。乔伊在回忆自己的童年经历时说："我们家很穷，父母都靠卖苦力谋生。那时，我父亲是一名水手，他每年都要往返于大西洋各个港口之间。我一直认为，像我们这样地位卑微的黑人是不可能有什么出息的，也许一生都会像父亲所工作的船只一样，漂泊不定。"

乔伊10岁那年，父亲带他去参观梵·高的故居。在那张著名的嘎吱作响的小木床和那双龟裂的皮鞋面前，乔伊好奇地问父亲："梵·高不是世界上最著名的大画家吗？他难道不是百万富翁吗？"父亲回答他说："梵·高的确是世界著名的画家，同时，他也是一个和我们一样的穷人，而且是一个连妻子都娶不上的穷人。"

又过了一年，父亲带着乔伊去了丹麦，在童话大师安徒生狭小简陋的故居里，乔伊又困惑地问父亲："安徒生不是生活在皇宫里吗？可是，这里的房子却如此破旧。"父亲答道："安徒生是一个砖匠的儿子，他生前就住在这栋残破的阁楼里。皇宫只在他的童话里才会出现。"

从此，乔伊的人生观完全改变了。他不再自卑，不再认为只有那些有钱有地位的人才会出人头地。他说："我十分庆幸能有一位好父亲，他让我认识了梵·高和安徒生，而这两位伟大的艺术家又告诉我，人能否成功与贫富毫无关系。"

> **智慧点睛**
>
> 一个人的成就与他的出身和贫富并没有太大关系，成功并不是天才和伟人的专利，只要我们能够树立起对自己的信心，就可以和伟人一样取得令人瞩目的成就。

不要为自己上锁

魔术师乔尼有一手绝活,他能在极短的时间内打开无论多么复杂的锁,从未失手。他曾为自己定下一个富有挑战性的目标:要在60分钟之内,从任何锁中挣脱出来,条件是让他穿着特制的衣服进去,并且不能有人在旁边观看。

有一个英国小镇的居民决定向伟大的乔尼挑战,有意让他难堪。他们特别打制了一个坚固的铁牢,配上一把看上去非常复杂的锁,请乔尼来看看能否从这里出去。

乔尼接受了这个挑战。他穿上特制的衣服,走进铁牢中,牢门哐啷一声关了起来,大家遵守规则转过身去不看他工作。乔尼从衣服中取出自己特制的工具,开始工作。

30分钟过去了,乔尼用耳朵紧贴着锁,专注地工作着;45分钟,一个小时过去了,乔尼头上开始冒汗。最后两个小时过去了,乔尼始终听不到期待中的锁簧弹开的声音。他筋疲力尽地将身体靠在门上坐下来,结果牢门却顺势而开,原来,牢门根本没有上锁,那把看似很厉害的锁只是个样子。

小镇居民成功地捉弄了这位逃生专家,门没有上锁,自然也就无法开锁，但乔尼心中的门却上了锁。

> **智慧点睛**
>
> 　　经验有时候会成为困扰我们进步的枷锁，很多先入为主的想法往往会束缚我们的思想和行动，因此，在做任何事情之前，我们都要提醒自己千万不要先把自己的心给锁上了。

推走心灵的巨石

有一个国王决定从他的十位王子中选一位做继承人。他私下吩咐一位大臣在一条两旁临水的大道上放置了一块"巨石",想要通过这条路,都得面对这块"巨石"——要么把它推开,要么爬过去,要么绕过去。然后,国王吩咐王子先后通过那条大路,分别把一封密信尽快送到一位大臣手里。王子们很快就完成了任务。国王开始询问王子们:"你们是怎么把信送到的?"

一个说:"我爬过了那块巨石。"一个说:"我是划船过去的。"也有的说:"我是从水里游过去的。"

只有小王子说:"我是从大路上跑过去的。"

"难道巨石没有拦你的路?"国王问。

"我用手使劲一推,它就滚到河里去了。"

"这么大的石头,你怎么想用手去推呢?"

"我不过是试了试,"小王子说,"谁知我一推,它就动了。"

原来,那块"巨石"是国王和大臣用很轻的材料仿造的。自然,这位善于尝试的王子继承了王位。

智慧点睛

很多时候，困难并不像我们想象的那么可怕，只要我们突破内心的恐惧，勇于尝试，再大的困难也会被我们"推走"。

站起来，你也可以成为伟人

哈佛的心理学教授曾给他的学生讲过这样一个故事：

在一座寺院中，一位和尚跪在一尊高大的佛像前，一边敲着木鱼，一边诵着经文。然而长期的修炼并未使他成佛，他为此而感到苦闷、彷徨，渴望有人能帮他指点迷津。正好，一位闻名四海的智者路过此地，来到了这座庙里。

"尊敬的智者，今日有缘相见，真是前世造化！"和尚还没起身，就十分急切地开口请教，"今有一事求教，请指点迷津：伟人何以成为伟人？比如说，我们面前的这位佛祖……"

"伟人之所以伟大，是因为我们一直跪着……"智者从容地讲开了，声如洪钟，萦绕殿堂。

"是因为……跪着？"和尚怯生生地瞥了一眼佛像，又欣喜地望着智者，"这么说，我该站起来？"

"是的！"智者向他打了一个起立的手势，"站起来吧，你也可以成为伟人！"

"什么？你说什么？我也可以成为伟人？你……你……你这是对神灵、伟人的亵渎。"说着，和尚双手合十，连声念

第二章 不断超越自我

"阿弥陀佛"。

"与其执着拜倒,不如大胆超越。"智者像是讲给和尚听,又像是自言自语,然后头也不回地走了。

> **智慧点睛**
>
> 伟人和凡人都是一样的,因为构成伟大生命的每一种元素也同样属于你我,所不同的是,伟人与生俱来就有一种使命感和自信心,正是这种信念上的差别造成了伟人与凡人的差异。认识到这一点,你就可以走出自卑心理的阴影,重拾生命的骄傲与自信。

真正的男子汉

在坎布里奇小镇上,有一个名叫莫奈的父亲。这位父亲很为他的孩子苦恼。因为他的儿子已经十五六岁了,可是一点男子气概都没有。于是,父亲去拜访一位中国武馆的武师,请他训练自己的孩子。

武师说:"你把孩子留在我这里。3个月以后,我一定可以把他训练成真正的男人,不过,这3个月里,你不可以来看他。"父亲同意了。

3个月后,父亲来接孩子。武师安排孩子和一个空手道教练进行一场比赛,以展示这3个月的训练成果。

教练一出手,孩子便应声倒地。他站起来继续迎接挑战,但马上又被打倒,他就又站起来……就这样来来回回一共16次。

武师问父亲:"你觉得你孩子的表现够不够男子气概?"

父亲说:"我简直羞死了!想不到我送他来这里受训3个月,看到的结果是他这么不经打,被人一打就倒。"

武师说:"我很遗憾,因为你只看到了表面的胜负。你有没有看到你儿子那种倒下去立刻又站起来的勇气和毅力呢?这才是真正的男子气概!"

智慧点睛

真正的巨人并不是从未倒下过,而是他能在每一次倒下之后又能迅速地、坚定地站起来,这才是真正的勇气。生活中从不失败的人根本不存在,但失败有时也是考验一个人的机会,有的人就此一跃飞天,有的人从此一蹶不振。这其中的差别就叫作勇气。

三纹松鼠的美丽传说

古老的印度，一直流传着一个美丽的故事，那是一则关于一只小松鼠的深刻寓言。

森林中所有的小动物，一直都快乐地生活着。在这片茂密的森林里，从来没有发生过什么大的变故，即使偶尔有几只猛兽经过，小动物们也懂得将自己妥善地藏匿起来，不至于成为猛兽口中的食物，所以这些小动物们大都能够在森林中怡然自得地直到终老。

一日，天神心血来潮，想要测试森林中动物们对于危机的应变能力，便从空中挥下了一道闪电，刺眼的电光击中森林中最大的一株树木，立时便燃起熊熊的大火。森林大火一发不可收，火舌立刻四处飞蹿，席卷了森林中无数树木的枝叶，同时也威胁到所有小动物的生命安全。

惊慌的动物们拼命向森林的外缘奔逃，希望能逃出这场大火造成的劫难。但它们却不知道，当闪电击中那棵大树，大火燃起的同时，在森林四周，早已围满了被大火引来的无数贪婪的肉食猛兽，它们也正张开大口，流着馋涎，等候这些小动物们自己送上门来。在这片森林的所有动物当中，只有一只小松鼠和别的动物不同。它非但不选择逃难，反倒奋不顾身地向着大火冲了过去。小松鼠在森林中一个即将被烈火烤干的水塘中，将自己瘦小的身子完全浸湿，然后再冲进火场，拼命抖洒着身上黏附的水珠，希望能缓解正在毁灭森林的火势。

这时，天神化身成为一位老人，站在小松鼠的身前，问道："孩子，你难道不知道像你这样的做法，对这场大火而言，是根本无法造成任何影响的吗？"

小松鼠那条蓬松而美丽的大尾巴，已经被炙热的树枝烙出三条黑色的焦痕，但它仍在卖力地用身体浸水，试图灭火，并对天神化身的老者说道："也许我的力量不足以灭火，但我相信凭着我的努力，至少可以减少森林中几只小动物的丧生啊！而且，或许因为我的执着，还有可能感动天神降下甘霖，灭了这场要命的大火。"

只听得老者一声大笑，小松鼠的周遭突然变得清凉无比，大火在一瞬间消失无踪。天神接着伸出手来，在小松鼠烧伤的尾巴上轻抚了一下，顿时焦痕变成了三道奇幻瑰丽的花纹，这就是印度最美的三纹松鼠传说的由来。

智慧点睛

勇气不是以力量的大小来衡量，而是看能否坚持信念。无论将来是风雨还是彩虹，只要我们心中持有一种伟大的勇气，生命就一定不会因此而气馁，或陷入绝望之中。爱因斯坦说："勇气是上天的羽翼，怯懦却引人下地狱。"让我们心中永远激荡着腾飞的勇气，绝不选择生命重心的堕落！

甩掉怯懦的库柏法官

伊尔文·本·库柏是美国最受尊敬的法官之一，但很少有人知道他年轻时曾是一个怯懦的少年。

库柏在密苏里州圣约瑟夫城一个准贫民窟里长大。他的父亲是一个移民，以做裁缝为生，收入微薄。为了给家里取暖，库柏常常拿着一个煤桶，到附近的铁路去拾煤块。库柏为必须这样做而感到窘迫。他常常从后街溜出溜进，以免被放学的孩子们看见。

但是，那些孩子时常看见他，特别是有一伙孩子常埋伏在库柏从铁路回家的路上，袭击他，以此为乐。他们常把他的煤渣撒遍街上，使他回家时一直流着眼泪。这样，库柏总是生活在或多或少的恐惧和自卑的状态中。

库柏的人生因为一件事发生了转变。库柏因为读了一本书，内心受到了鼓舞，从而在生活中采取了积极的行动。这本书是荷拉修·阿尔杰著的《罗伯特的奋斗》。

在这本书里，库柏读到了一个像他那样的少年奋斗的故事。那个少年遭遇了巨大的不幸，但是他以勇气和道德的力

第二章 不断超越自我

量战胜了这些不幸,库柏也希望能具有这种勇气和力量。

库柏读了他所能借到的每一本荷拉修的书。当他读书的时候,他就代入了主人公的角色。整个冬天他都坐在寒冷的厨房里阅读关于勇敢和成功的故事,不知不觉地汲取了勇气的力量。

在库柏读了第一本荷拉修的书之后几个月,他又到铁路上去捡煤块。隔开一段距离,他看见三个人影在一个房子的后面飞奔。他最初的想法是转身就跑,但很快他记起了他所钦佩的书中主人公的勇敢,于是他把煤桶握得更紧,向前大步走去,此刻的他就像是荷拉修书中的一个英雄。

这是一场恶战。三个男孩一起冲向库柏。库柏丢开铁桶,坚强地挥动双臂,进行抵抗,这让三个恃强凌弱的孩子大吃一惊。库柏的右手猛击到一个孩子的鼻子上,左手猛击到这个孩子的胃部。这个孩子便停止打架,转身溜了,这也使库柏大吃一惊。同时,另外两个孩子还在对他进行拳打脚踢。库柏设法推开了一个孩子,把另一个打倒,用膝部猛击他,而且使劲连击他的胃部和下颚。现在只剩下一个孩子了,他是"领袖"。他突然袭击了库柏的头部。库柏设法站稳脚跟,把他拖到一边。这两个孩子站着,相互凝视了一会儿。

然后,这个"领袖"一点一点地向后退,也溜了。库柏拾起一块煤,投向那个退却者,这是在表示他正义的愤慨。

直到那时库柏才知道他的鼻子在流血,由于受到拳打脚踢,他的身上已变得青一块紫一块了。但这是值得的!在库柏的一生中,这一天是一个重大的日子。那时他克服了恐惧。

库柏并不比一年前强壮，攻击他的人也并不是不如以前那样强壮。前后不同的地方在于库柏自身的心态。他决定不再听凭那些恃强凌弱者的摆布。他要改变自己的人生，他也的确是这样做的。

库柏给自己定下了一种身份。当他在街上痛打那三个恃强凌弱者的时候，他并不是作为受惊骇的、营养不良的库柏在战斗，而是作为荷拉修书中的人物罗伯特·卡佛代尔那样的大胆而勇敢的英雄在战斗。

> **智慧点睛**
>
> 　　约翰·穆勒说："除了恐惧本身之外没有什么好害怕的。""如果你是懦夫，那你就是自己最大的敌人；如果你是勇士，那你就是自己最好的朋友。"美国最伟大的推销员弗兰克也如是说。
>
> 　　而维特革斯坦亦说："勇气通往天堂之途，懦弱往往叩开地狱之门。"懦弱是人心里勇敢品质的"腐蚀剂"，时时威胁着我们的心灵。只有在生命中注入勇气，才能帮助你斩断前进途中缠绕在腿脚上的蔓草和荆棘。
>
> 　　当我们迈开充满力量的第一步时，勇者无惧的形象将永远刻在我们的成长史上。

第三章
接纳自己的缺点

古语云：甘瓜苦蒂，天下物无全美。这个世界上没有十全十美的东西，同样，也没有无懈可击的完人。一个心理健康的人应当懂得悦纳自我，接受自己的缺点，并在此基础上积极地发挥自己的优点。如果一个人总是对自己的缺点耿耿于怀，那么他就无法获得精彩的人生。

坚持本色的模特

20世纪80年代,有一位名叫安德森的模特公司经纪人,看中了一位身穿廉价衣服、不拘小节、不施脂粉的大一女生。

这位女生来自美国伊利诺伊州一个蓝领家庭,唇边长了一颗触目惊心的大黑痣。她从没看过时装杂志,没化过妆,要与她谈论时尚方面的话题,好比是对牛弹琴。

每年夏天,她就跟随朋友一起,在德卡柏的玉米地里剥玉米穗,以赚取来年的学费。安德森偏偏要将这位还带着田野气息的女生介绍给经纪公司,结果遭到一次次的拒绝。有的说她粗野,有的说她恶煞,理由纷纭杂沓,归根结底是唇边的那颗大黑痣。安德森却下了决心,要把女生及黑痣捆绑着推销出去。他给女生做了一张合成照片,小心翼翼地把大黑痣隐藏在阴影里。然后拿着这张照片给客户看,客户果然满意,马上要见真人。真人一来,客户就发现"货不对版",客户当即指着女生的黑痣说:"你给我把这颗痣拿下来。"

激光除痣其实很简单,女生却说:"对不起,我就是不拿。"安德森有种奇怪的预感,他坚定不移地对女生说:"你千万不要摘下这颗痣,将来你出名了,全世界就靠着这颗痣来识别你。"

果然,这个女生几年后红极一时,日入2万美元,成为天后级人物,她就是名模辛迪·克劳馥。她的长相被誉为"超凡入圣",她的嘴唇被称作芳唇,唇边赫然入目的是那颗今天被视为性感象征的桀骜不驯的大黑痣。

有一天,媒体竟然盛赞辛迪有前瞻性眼光。辛迪回顾从前成名路上的艰辛,感慨幸好遇上"保痣人士"安德森。如果她摘了那颗痣,就是一个通俗的美人,顶多拍几次廉价的广告,就被淹没在繁花似锦的美女阵营里面。暑期到来,可能还要站在玉米地里继续剥玉米穗,以赚取来年的学费。

> **智慧点睛**
>
> 这世上没有绝对的美与丑,美与丑通常是可以互相转化的。但有一点可以肯定,就是最美的往往都来自本色、来自自然。所以,不要在乎别人挑剔的眼光,保持自己的本色,你就是最美的。

身高1.60米的NBA球星

美国 NBA 联赛中有一个夏洛特黄蜂队，黄蜂队有一位身高仅 1.60 米的运动员，他就是蒂尼·博格斯——NBA 最矮的球星。博格斯这么矮，怎么能在巨人如林的篮球场上竞技，并且跻身大名鼎鼎的 NBA 球星之列呢？这源于博格斯的自信。

博格斯自幼十分喜爱篮球，但由于身材矮小，伙伴们瞧不起他。有一天，他很伤心地问妈妈："妈妈，我还能长高吗？"妈妈鼓励他："孩子，你能长高，长得很高很高，会成为人人都知道的大球星。"从此，长高的梦像天上的云在他心里飘动着，每时每刻都闪烁着希望的火花。

"业余球星"的生活即将结束了，博格斯面临着更严峻的考验——1.60 米的身高能打好职业赛吗？

博格斯横下心来，决定要凭自己 1.60 米的身高在高手如云的 NBA 赛场中闯出自己的一片天地。"别人说我矮，反倒成了我的动力，我偏要证明矮个子也能做大事情。"在维克森林大学和华盛顿子弹队的赛场上，人们看到蒂尼·博格斯简

第三章 接纳自己的缺点

直就是个"滚地虎",从下方来的球90%都被他收走……

后来,凭借精彩出众的表现,蒂尼·博格斯加入了实力强大的夏洛特黄蜂队,在他的一份技术分析表上写着:投篮命中率50%,罚球命中率90%……

一份杂志专门为他撰文,说他个人技术好,发挥了矮个子重心低的特长,成为一名使对手害怕的断球能手。"夏洛特的成功在于博格斯的矮",不知是谁喊出了这样的口号。许多人都赞同这一说法,许多广告商也推出了"矮球星"的照片,上面是博格斯纯朴的微笑。

成名后的博格斯始终牢记着当年他妈妈鼓励他的话,虽然他没有长得很高很高,但可以告慰妈妈的是,他已经成为人人都知道的大球星了。

智慧点睛

身高1.60米的博格斯能够成为一名球艺出众的NBA明星,关键就在于他相信自己,并能够在此基础上充分发挥自己的"身高优势",使自己成为夏洛特黄蜂队里的超级断球手。博格斯的成功告诉我们这样一个道理:无论是谁,只要相信自己,就能成功。缺乏信心,并不是因为出现了困难,而是出现了困难却缺乏战胜困难的信心。

拥有天使翅膀的小男孩

奈尔非常自卑,他的背上有两道非常明显的疤痕,从颈上一直延伸到腰部,所以奈尔非常害怕换衣服,尤其是上体育课的时候。当其他的孩子很高兴地脱下校服,换上轻松的运动服时,奈尔总会一个人偷偷地躲在角落里,用背部紧紧地贴住墙壁,以最快的速度换上运动服,生怕别人发现。可是,时间久了,其他小朋友还是发现了他背上的疤:"好可怕哦!""怪物!"

天真的、无心的话往往最伤人,奈尔哭了。这件事发生以后,奈尔的妈妈特地带着他去找老师。

"奈尔刚出世就患上了重病,当时想放弃的,可是又不忍心,一个这么可爱的生命啊,怎么可以轻易地结束掉?"妈妈说着,眼睛红了,"幸好当时有位医术很高超的大夫,动手术挽救了他,他的背部便留下了两道疤痕。"

妈妈转头吩咐奈尔:"来,掀起衣服给老师看。"

奈尔迟疑了一下,还是脱下了上衣,老师惊讶地看着那两道疤,心疼地问:"还疼吗?"奈尔摇摇头说:"不疼了。"

此时，老师心里不断地想：如果禁止小朋友取笑奈尔，只能治标，不能治本，奈尔一定还会继续自卑下去。一定要想个好办法。

突然，老师灵光一现，她摸了摸奈尔的头说："明天的体育课，你一定要跟大家一起换衣服哦。"

奈尔眼里，晶莹的泪水滚来滚去："可是，他们又会笑我，说我是怪物。"

"放心，老师有法子，没有人会笑你。真的！"

第二天上体育课，奈尔怯生生地躲在角落里，脱下了他的上衣，果然不出所料，有小朋友又厌恶地说："好恶心呀！"

奈尔双眼睁得大大的，眼泪已流了下来。这时候，门突然被打开了，老师出现了。几个同学马上跑到了老师面前说："老师你看，他的背好可怕，像条大虫。"

老师没有说话，只是慢慢地走向奈尔，然后露出诧异的表情。"这不是虫！"老师眯着眼睛，很专注地看看奈尔的背部，"老师以前听过一个故事，大家想不想听？"

小朋友最爱听故事了，连忙围了过来。

老师说道："这是一个传说。每个小朋友都是天上的天使变成的，有的天使变成小孩的时候很快就把翅膀脱下来了。有的小天使动作比较慢，来不及脱下他们的翅膀。这时候，那些天使变成的小孩子，就会在背上留下这样两道痕迹。"

"哇！"小朋友发出惊叹的声音，"那这就是天使的翅膀？"

"对啊，"老师露出神秘的微笑，"大家要不要互相检查一下，还有没有人像他一样，翅膀没有完全脱落的？"

所有小朋友听老师这么一说，马上七手八脚地检查每个人的背，可是，没有人像奈尔一样，有这么清晰的痕迹。

"老师，我这里有一点点的疤痕，是不是？"一个戴眼镜的小孩兴奋地举手。"才不是哩，我这里也红红的，我才是天使！"

小朋友们争相承认自己的背上有疤，完全忘记了取笑奈尔的事情。奈尔原本哭红的双眼又有了笑意。突然，一个小女孩轻轻地说："老师，我可不可以摸摸小天使的翅膀？"

"那要问小天使肯不肯。"老师微笑地向奈尔眨眨眼睛。奈尔鼓起勇气，羞怯地说："好。"女孩轻轻地摸着他背上的疤痕，高兴地叫了起来："哇，好软，我摸到天使的翅膀了！"女孩这一喊，所有的小朋友都大喊："我也要摸！"

一节体育课出现了一番奇特的景象：教室里几十个小朋友排成长长的队伍，等着摸奈尔的背……

智慧点睛

《拥有天使翅膀的小男孩》讲述了一位体育老师凭着爱心和智慧巧妙地使一名学生从自卑中走出来的动人故事。

老师善意的谎言，从此改变了奈尔的一生。这个世界少了一个自卑的少年，多了一个令人骄傲的孩子。其实，纵然也许我们真的在某方面有一些缺陷，我们也要看到自己的强项，千万别只盯着自己的短处而盲目地自卑、妄自菲薄，失去快乐的源泉和自信乐观的生活态度。

一次精彩的演讲

在一所中学里,有一个班的周末主题班会有一个传统,那就是让每一位同学都轮流上台进行"才艺表演"。按规定,班内的每个人都要参与,在表演的过程中你可以发表演讲,也可以说段子、讲笑话,只要是能展示你自己,并且是大家爱听爱看的,无论什么节目都可以。

有一次周末,轮到迪克上台表演,他平时的表现可以说是班内男生堆里最不出众的一个,无论是学习成绩还是外貌形象。只见他慢腾腾地走上讲台,摘下他那顶作为道具用的帽子,先向同学们深深地鞠了一躬,然后清清嗓子开始演讲:

"嗯!从身材上看,不用我说大家也可以看出,但大家知道吗,我比拿破仑还高出1厘米呢,他是1.59米,而我是1.60米;再有维克多·雨果,我们的个头都差不多;我的前额不宽,天庭欠圆,可伟大的哲人苏格拉底也是如此;我承认我有些未老先衰的迹象,还没到20岁便开始秃顶,但这并不寒碜,因为有大名鼎鼎的莎士比亚与我为伴;我的鼻子略显高耸了些,如同伏尔泰和乔治·华盛顿的一样;我的双眼凹陷，但圣徒保罗和哲人尼采亦是这般；我这肥厚的嘴唇足以同法国君主路易十四相媲美，而我的粗胖的颈脖堪与汉尼拔和马克·安东尼齐肩。"

沉默了片刻，迪克继续说："也许你们会说我的耳朵大了些，可是听说耳大有福，而且塞万提斯的招风耳可是举世闻名的啊！我的颧骨隆耸，面颊凹陷，这多像美国独立战争的英雄林肯啊！我的手掌肥厚，手指粗短，大天文学家丁顿也是这样。不错，我的身体是有缺陷，但要注意，这是伟大的思想家们的共同特点……"

当迪克做完他的演讲走下讲台时，班级里爆发出久久不息的掌声。

迪克的演讲赢得了大家热烈的掌声，这不仅是因为他妙语连珠的演讲词，更重要的是他那种接纳自我、正视自己缺点的精神得到了大家的一致认可。

智慧点睛

古语云：甘瓜苦蒂，天下物无全美。这个世界上没有十全十美的东西，同样，也没有无懈可击的完人。如果一个人总是对自己的缺点耿耿于怀，那么就等于是和自己过不去。我们应当懂得悦纳自我，接受自己的缺点，并在此基础上积极地发挥自己的优点。

摘掉生活的面具

詹妮是一位女教师,她对自己的脸很不满意,觉得看起来哪都不顺眼,因此,她决定去整容。

医师仔细地望着她,认为她长得并不难看——她的问题就在于她对自己的外貌过高要求。尽管如此,医师还是动手术稍微改善了她的五官,但只是动了一些小手术,比她所要求的要少了很多。

医师对她说:"身为一名整容医师,我只能替你动这些手术了。"

詹妮好像对手术的效果并不太满意,她一面打量着镜中的自己,一面以一种指责的腔调说道:"你并没有对我的脸做太大的改变。"

医师想了想说:"你的脸只需稍做改变,我都已经做了。现在你的脸一点毛病也没有了,唯一的问题是你使用脸的方式错了——你把它当作一个面具,用来遮掩你的感觉。"

詹妮很伤心地低下头说:"我已尽了最大的努力了。"

"我相信你,"医师说,"请你告诉我,你是不是因为自己是一名教师，因此对自己压抑得有点过分？"

詹妮沉默了一会儿，说出了藏在心头很久的话：她很讨厌教师生活，因为她觉得她必须做学生最好的榜样。每天她到学校，都必须戴着面具，表现出最好的一面，把所有的感情全部隐藏起来，只留下她认为是"正确"的一部分。她一直十分保守，三年的教学生活使她觉得太紧张了，令她再也无法忍受。她并不知道问题究竟出在何处，因此只得归咎于自己的脸不够美好。

詹妮说完了自己的遭遇之后，忍不住放声大哭。"孩子都嘲笑我。"她哭着说，随后突然警觉地停住哭泣，擦擦鼻涕，坐直了身子望向医师，仿佛她已经泄露出什么重大秘密。

医师脸上露出微笑："这样好多了，哭泣证明你也是个有感情的人。"

她慢慢放松自己，然后笑着望着医师。

"小孩子嘲笑你，"医师说，"是因为他们已经看出你一直都在演戏。身为一名教师，当然一定要控制自己，必须表现得十分能干而成熟，但是你用不着表现得十全十美。一位老师偶尔也可以表现得笨拙一点，学生仍然会尊重她，只要她表现正常——学生将会因为她平易近人而更喜欢她。拿掉你的面具，你会更喜欢你自己，甚至会变得很喜欢教书的工作。"

离开诊所后，詹妮的心情好多了，几个月后，她不再在意自己的脸孔，也不再因此而焦虑。她写信告诉医师，她觉得比以前轻松多了。她自认为成为一名更有人情味的老师了，虽然她仍对教学工作感到有些焦虑,但她深信不久之后,她将不会再把教室当作监狱。

> **智慧点睛**
>
> 美不是伪装,而是真实的释放。跳出一味追求完美的陷阱,抛开无谓的负担,全面地接受自己的优点和缺点,不仅会因为诚实和保持本色而受到大家的喜爱,自身也会因此而得到莫大的欢欣和鼓舞。

保持自我本色

玛丽从小就是一个害羞和内向的小女孩,她的身材有点胖,而她的一张脸使她看起来比实际还胖得多。玛丽有一个很古板的母亲,她认为穿漂亮衣服是一件很愚蠢的事情。她总是对玛丽说:"宽衣好穿,窄衣易破。"母亲也总是这样来帮玛丽穿衣服。玛丽从来不和其他的孩子一起做室外活动,甚至不上体育课。她非常害羞而且很敏感,觉得自己和其他人都"不一样",完全不讨人喜欢。

长大之后,玛丽嫁给了一个比她大好几岁的男人,可是她并没有改变。她丈夫一家人都很好,对她充满了关爱。玛丽尽最大的努力要像他们一样,可是她做不到。他们为了使玛丽开朗而做的每一件事情,都只是令她更退缩到她的壳里去。玛丽变得紧张不安,躲开了所有的朋友,情形坏到她甚至怕听到门铃响。玛丽知道自己是一个失败者,又怕她的丈夫会发现这一点。所以每次他们出现在公共场合的时候,她都假装很开心,结果常常做得太过头。事后,玛丽会为这个难过好几天。最后不开心到使她觉得再活下去也没有什么意义了，玛丽开始想自杀。

后来，是什么改变了这个不快乐的女人的生活呢？只是婆婆一句随口说出的话。

是的，随口说的一句话，改变了玛丽的整个生活。有一天，她的婆婆正在谈她怎么教养她的几个孩子，她说："不管事情怎么样，我总会要求他们保持本色。"

"保持本色！"就是这句话，在一刹那之间，玛丽发现自己之所以那么苦恼，就是因为她一直在试着让自己适合于一个并不适合自己的模式。

玛丽后来回忆道："在一夜之间我整个改变了。我开始保持本色。我试着寻找我自己的个性、自己的优点，尽我所能去学色彩和服饰方面的知识，尽量以适合我的方式去穿衣服。主动地去交朋友，我参加了一个社团组织——起先是一个很小的社团——他们让我参加活动，我吓坏了。可是我每发一次言，就增加一点勇气。今天我所有的快乐，是我从来没有想过的。在教养我的孩子时，我也总是把我从痛苦中所得到的经验教给他们：'不管事情怎么样，总要保持本色。'"

> **智慧点睛**
>
> 玛丽的故事告诉我们，一个人要想生活得快乐，最重要的就是要保持自我的本色。只有坚持自我，保持本色，按照适合自己的模式去生活，你才会拥有快乐的人生。

失去了左臂的柔道冠军

一个10岁的小男孩在一次车祸中失去了左臂,但是他很想学柔道。

最终,小男孩拜一位日本柔道大师做了师傅,开始学习柔道。他学得不错,可是练了3个月,师傅只教了他一招,小男孩有点弄不懂了。

他终于忍不住问师傅:"我是不是应该再学学其他招数?"

师傅回答说:"不错,你的确只会了一招,但你只需要会这一招就够了。"

小男孩不是很明白,但他很相信师傅,于是就继续照着练了下去。

几个月后,师傅第一次带小男孩去参加比赛。小男孩自己都没有想到居然轻轻松松地赢了前两轮。第三轮稍稍有点艰难,但对手还是很快就变得有些急躁,连连进攻,小男孩敏捷地施展出自己的那一招,又赢了。就这样,小男孩迷迷瞪瞪地进入了决赛。

决赛的对手比小男孩高大、强壮许多,也似乎更有经验。

第三章 接纳自己的缺点

小男孩一开始显得有点招架不住,裁判担心小男孩会受伤,就叫了暂停,还打算就此终止比赛,然而师傅不答应,坚持说:"继续比赛!"

比赛重新开始后,对手放松了戒备,小男孩立刻使出他的那招制服了对手,由此赢了比赛,获得了冠军。

回家的路上,小男孩和师傅一起回顾比赛的每一个细节。小男孩鼓起勇气道出了心里的疑问:"师傅,我怎么只凭一招就赢得了冠军?"

师傅答道:"有两个原因:第一,你几乎完全掌握了柔道中最难的一招;第二,就我所知,对付这一招唯一的办法是对手抓住你的左臂。"

有的时候,人的某方面缺陷未必就永远是劣势,只要善加利用,或者扬长避短,劣势也会转化成优势。

智慧点睛

正确而全面地认识自己,是善待自己、接纳自我的必然要求。人无完人,金无足赤。每个人都不会是完美的,总有缺陷和弱点,但我们完全不必因此而妄自菲薄,因为劣势也有可能会因为我们的有效利用而转化为优势。

轻视自己的爱丽莎

有一个叫爱丽莎的美丽女孩，总是觉得没有人喜欢她，担心自己嫁不出去。她的理想也是每一个妙龄女郎的理想：和一位潇洒的"白马王子"结婚，白头偕老。爱丽莎总认为别人过得很幸福，自己却永远被幸福拒之于千里之外。

一个周末的上午，这个痛苦的姑娘去找一位有名的心理学家，因为据说他能解除所有人的痛苦。她被请进了心理学家的办公室，握手的时候，她冰凉的手让心理学家的心都颤抖了。他打量着这个忧郁的女孩，她的眼神呆滞而绝望，声音仿佛来自墓地。她的整个身心都好像在对心理学家哭泣着："我已经没有指望了！我是世界上最不幸的女人！"

心理学家请爱丽莎坐下，通过跟她谈话，心理学家心里渐渐有了底。最后他对爱丽莎说："爱丽莎，我会有办法的，但你得按我说的去做。"他要爱丽莎去买一套新衣服，再去修整一下自己的头发，他要爱丽莎打扮得漂漂亮亮的，告诉她星期一他家有个晚会，他要请她来参加。

爱丽莎还是一脸闷闷不乐，对心理学家说："就是参加晚会我也不会快乐。谁需要我？我能做什么呢？"心理学家告诉她："你要做的事很简单，你的任务就是帮助我照料客人，代表我欢迎他们，向他们致以最亲切的问候。"

星期一这天，爱丽莎衣衫合适、发式得体地来到了晚会上。她按照心理学家的吩咐，尽职尽责地一会儿和客人打招呼，一会儿帮客人端饮料，她在客人间穿梭不息，来回奔走，始终在帮助别人，完全忘记了自己。她眼神活泼，笑容可掬，成了晚会上的一道彩虹，晚会结束时，同时有三位男士自告奋勇要送她回家。

在随后的日子里，这三位男士热烈地追求着爱丽莎，她终于选中了其中的一位，并与他订了婚。不久，在婚礼上，有人对这位心理学家说："你创造了奇迹。""不，"心理学家说，"是她自己为自己创造了奇迹。人不能妄自菲薄，轻视自己，而要学会接纳自己，爱丽莎懂得了这个道理，所以变了。所有的女人都能拥有这个奇迹，只要你想，你就能让自己变得美丽。"

> **智慧点睛**
>
> 人的眼睛的作用应当是这样的：一只眼睛观察世界，另一只眼睛发现自己。要想欣赏自己，不妨先学习赞美自己。学会赞美自己可以让我们更好地接纳自己。生活中人人都渴望得到赞美。赞美是一种肯定，是一种褒奖。赞美就像照在

成长的力量：心理学教授讲给孩子的100个成长故事

> 人们心灵的阳光，能够带给人们信心和力量。当然，渴望得到别人的赞美不如自己赞美自己来得容易，既然我们需要赞美，既然赞美可以催人奋进，使人更上一层楼，那么我们就学着赞美自己吧。

第四章
享受友谊的快乐

　　著名思想家爱默生说过:"与世隔绝是不切实际的做法,因为与人交往是在所难免的。"因此,不要总是抱怨别人对你冷漠,也不要抱怨这个社会缺乏人情味,打开冷漠的心锁,积极去交往,你就能够走出人际的孤岛,体会到人与人之间温暖的情感。

懂得付出的小男孩

有一年的圣诞节，保罗的哥哥送给他一辆新车作为圣诞礼物。圣诞节的前一天，保罗从他的办公室出来时，看到街上一个小男孩在他闪亮的新车旁走来走去，并不时触摸它，满脸羡慕。

保罗饶有兴趣地看着这个小男孩。从他的衣着来看，他的家庭显然不属于自己这个阶层。就在这时，小男孩抬起头，问道："先生，这是你的车吗？"

"是啊，"保罗说，"这是我哥哥送给我的圣诞礼物。"

小男孩睁大了眼睛："你是说，这是你哥哥给你的，而你不用花一分钱？"

保罗点点头。小男孩说："哇！我希望……"

保罗原以为小男孩希望的是也能有一个这样的哥哥，但小男孩说出的却是："我希望自己也能当这样的哥哥。"

保罗深受感动地看着这个男孩，然后问他："要不要坐我的新车去兜风？"

小男孩惊喜万分地答应了。

逛了一会儿之后，小男孩转身向保罗说："先生，能不能麻烦你把车开到我家门前？"

保罗微微一笑，他想他理解小男孩的想法：坐一辆大而漂亮的车子回家，在小朋友面前是很神气的事。但他又想错了。

"麻烦你停在两个台阶那里，等我一下好吗？"

小男孩跳下车，三步并作两步地跑上台阶，进入屋内。不一会儿他出来了，并带着一个显然是他弟弟的小孩。这个小孩因患小儿麻痹症而跛着一只脚。他把弟弟安置在下边的台阶上，紧靠着弟弟坐下，然后指着保罗的车子说："看见了吗？就像我在楼上跟你讲的一样，很漂亮对不对？这是他哥哥送给他的圣诞礼物，他不用花一分钱。将来有一天我也要送你一辆一模一样的车，这样你就可以看到我一直跟你讲的橱窗里那些好看的圣诞礼物了。"

保罗的眼睛湿润了，他走出车子，将小弟弟抱到车子前排座位上。他哥哥的眼睛里闪着喜悦的光芒，也爬了上来。于是三个人开始了一次令人难忘的假日之旅。

在这个圣诞节，保罗明白了一个道理：给予真的比接受更令人快乐！

> **智慧点睛**
>
> 　　有位名人说："人活着应该让别人因为你活着而得到益处。"的确，学会给予和付出，你会感受到舍己为人、不求

任何回报的快乐和满足。哈佛大学一位心理学家说:"只知索取,不知付出;只知爱己,不知爱人,是当代社会的通病。"学会付出是光辉灿烂人性的体现,同时也是一种处世智慧和快乐之道。

主动伸出你的手

从前,坦桑尼亚的一个小镇上有两个叫汤米和杰克的男孩,他们是邻居,但他们之间的关系并不好。虽然谁也不知道到底是为什么,但就是彼此不睦。他们只知道自己不喜欢对方,这个原因就足够了。所以他们时有口角发生,尽管夏天在后院除草时他们会常常碰面,但多数情况下双方连招呼也不打。

后来,夏天晚些时候,汤米和妻子多拉外出两周去度假。开始杰克和妻子并未注意到他们走了。也是,注意他们干什么?除口角之外,他们相互间很少说话。但是,这一切发生了改变。有一天,杰克对朋友叙述了经过。

"一天傍晚,我在自家院子除过草后,注意到汤米家的草已很高了,自家草坪刚刚修整过,所以汤米家草坪上的杂草看上去特别显眼。汤米和妻子显然是不在家,而且已离开很久了。我想,这等于公开邀请夜盗入户,而后,一个想法像闪电一样攫住了我。

"我又一次看看草坪上那高高的杂草,心里真不愿去帮我不喜欢的人。不管我多想从脑子里抹去这种想法，但去帮忙的想法却挥之不去。第二天早晨我就把那块草坪上长疯了的杂草除掉了！

"几天之后的一个周日，汤米和妻子回来了。他们回来不久，我就看见汤米在街上走来走去。他在整个街区每所房子前都停留过。

"最后他敲了我的门，我开门时，他站在那儿盯着我，脸上露出奇怪和不解的表情。

"过了很久，他才说话。'杰克，你帮我除草了？'他问。这是他很久以来第一次叫我杰克。'我问了所有的人，都不是他们。米库说是你干的，是真的吗？是你除的吗？'他的语气几乎是在责备。

"'是的，汤米，是我除的。'我说，几乎是挑战性地，因为我等着他为了我除他的草而大发雷霆。

"他犹豫了片刻，像是在考虑要说什么。最后他用低得几乎听不见的声音嘟囔地说了句谢谢之后，急忙转身走开了。"

汤米和杰克之间就这样打破了沉默。他们的关系还没发展到在一起打高尔夫球或保龄球的地步，他们的妻子也没有为了互相借点儿糖或是闲聊而频繁地走动，但他们的关系却在改善。至少除草机开过的时候他们相互间有了笑容，有时甚至说一声"你好"。先前他们后院的"战场"现在变成了"非军事区"，谁知道呢，也许他们甚至会分享同一杯咖啡。

第四章 享受友谊的快乐

智慧点晴

　　主动迈出和解的一步,并不是很难,不是吗?过多地考虑面子等因素,只会阻碍和解的步伐,延迟友谊的到来。

　　我们都需要在交往中获得友谊和帮助。主动伸出你的手,不要犹豫,你会发现伸出的手马上就会有人握住。

治愈孤独的良方

小镇上有个女人叫泰娜,她善于烹饪,能够用人们送给她的菜头、芜菁、甘蓝、白薯等做出鲜美可口的菜来。她的丈夫是一位牧师,他们的家庭在美国密西西比州南部的小城中具有很高的威望,能够到这所小木屋来探望牧师和他的夫人,在当地确实是很大的荣耀。当有敲门声响起时,泰娜匆匆忙忙赶出去,用拥抱和热情的话语将客人迎进门。牧师总是穿着一身黑色的传统教士服,脖子上系着浆洗过的白色硬领,紧随在夫人身后伸出一只温暖的大手,脸上现出笑容道:"我的主保佑你,进来吧!"不管来访者是亲戚、市长,还是身无立锥之地的乞丐,他们都会用这种热情的方式接待对方。

后来,泰娜的丈夫过世了,泰娜搬到了一个靠近子女的港口城市。她并没有被孤独吞噬,她还像15年前一样保持着早起的习惯,黎明前即起身,仔细地打扮一番,穿上斗篷,披上面巾,步行走到教堂。她开始擦拭牧师在礼拜仪式上要用到的各种器具——她喜欢干这种教堂杂役做的事情。在做

第四章 享受友谊的快乐

完这些事之后,她走出教堂,到医院去拜访和照看所有孤独的病友。然后,她去看望那些不能出门的单身老人和病人,把她的欢乐与善良带给那些需要她的人们。

泰娜过世的那一天,她像往常一样去教堂做了杂务。回到家,她把洗过的衣服从晾绳上收下来,将披巾搭在沙发背上。人们发现她时,她正坐在她最喜欢的客厅沙发上,合着眼,脸上带着温柔、甜蜜的笑容。人们说,在这位非同寻常的夫人面前度过几个小时,就会比听任何布道或讲座所获的教益还要多。对于泰娜来说,孤独是一种需要照看和扫除的病痛。她把自己生命的每一分钟都用于给他人带去欢乐。

> **智慧点睛**
>
> 孤独是一种常见的心理状态。在我们人生的河流中,总有那么一刻,你是孤独无助的,但不要害怕,因为这本身就是人生给你的最高馈赠。当孤独来临时,去体味它、享受它,细心品尝孤独的滋味,你会发现,孤独可以让你更好地透视生活。要获得丰富深刻的人际感情,你也需要走出自己的小天地,积极地和他人交往。而且,人只有在交往中,才能体会到各种情感体验所带来的愉悦。

蕨菜和无名小花

蕨菜和离它不远的一朵无名小花是好朋友。每天天一亮，蕨菜和无名小花都会在晨光中互致问候。日子久了，互相都把对方当成自己最知心的朋友。同时，它俩发现，由于相距较远，每天扯着嗓子说话很不方便，便决定向对方靠拢，它们认为彼此之间距离越近，就越容易交流，感情也就越容易加深。

于是，蕨菜拼命地扩散自己的枝叶，它蓬勃地生长，舒展的枝叶像一柄大伞一样。无名小花则尽量向蕨菜的方向倾斜自己的茎枝。它俩的距离也越来越近了。

出乎意料的是，由于蕨菜的枝叶像一柄张开的大伞，不仅遮住了无名小花的阳光，也挡住了它的雨露。失去阳光和雨露滋润的无名小花日渐枯萎，它在伤心之余，不再与蕨菜共叙友情，相反还认为是蕨菜动机不良，故意谋害自己，便在心里痛恨起蕨菜来。

蕨菜呢，由于枝叶过于茂盛，一次狂风暴雨之后，它的枝叶被折断得所剩无几，身子光秃秃的。看着遍体鳞伤的自己，蕨菜把这一切后果都归咎于无名小花，如果没有无名小花，它也绝不会恣意让自己的枝叶疯长的。

于是，一对好朋友便反目成仇了。

> **智慧点睛**
>
> 　　距离是人际关系的自然属性。再好的朋友如果天天在一起，也未必是一件好事情。我们要和朋友形成良性的人际关系，既要注重心灵上的贴近，又要注意在接触上保持一定的距离，保持距离，友谊才能长久。

"聪明"的罗曼太太

罗曼太太是美国一位有钱的贵妇人,她在亚特兰大城外修了一座花园。花园又大又美,吸引了许多游客,他们毫无顾忌地跑到罗曼太太的花园里游玩。

年轻人在绿草如茵的草坪上跳起了欢快的舞蹈;小孩子扎进花丛中捕捉蝴蝶;老人蹲在池塘边垂钓;有人甚至在花园当中支起了帐篷,打算在此度过他们浪漫的盛夏之夜。罗曼太太站在窗前,看着这群快乐得忘乎所以的人们,看着他们在属于她的园子里尽情地唱歌、跳舞、欢笑。她越看越生气,就叫仆人在园门外挂了一块牌子,上面写着:私人花园,未经允许,请勿入内。可是这一点也不管用,那些人还是成群结队地走进花园游玩。罗曼太太只好让她的仆人前去阻拦,结果发生了争执,有人竟拆走了花园的篱笆墙。

后来罗曼太太想出了一个自认为绝妙的主意,她让仆人把园门外的那块牌子取下来,换上了一块新牌子,上面写着:欢迎你们来此游玩,为了安全起见,本园的主人特别提醒大家，花园的草丛中有一种毒蛇，如果哪位不慎被蛇咬伤，请在半小时内采取紧急救治措施，否则性命难保。最后告诉大家，离此地最近的一家医院在威尔镇，驱车大约50分钟即到。

这真是一个绝妙的主意，那些贪玩的游客看了这块牌子后，都对这座美丽的花园望而却步了。可是几年后，有人再往罗曼太太的花园去，却发现那里因为园子太大，走动的人太少而真的杂草丛生，毒蛇横行，几乎荒芜了。孤独、寂寞的罗曼太太守着她的大花园，她忽然非常怀念那些曾经来她的园子里快乐玩耍的游客。

> **智慧点睛**
>
> 我们每个人心中都有一座美丽的大花园。如果我们愿意让别人在此种植快乐，同时也让这份快乐滋润自己，那么，我们心灵的花园就永远不会荒芜。打开你自己心灵的篱笆，让阳光照进来，让朋友走进来，让我们心灵的花园美丽起来。

冷漠是交友的天敌

有两个病人同住在一间病房里。房子很小,只有一扇窗子可以看见外面的世界。其中一个病人的床靠着窗,他每天下午可以在床上坐一个小时,另外一个人则终日都得躺在床上。靠窗的病人每次坐起来的时候,都会描绘窗外的景致给另一个人听。从窗口可以看到公园的湖,湖内有鸭子和天鹅,孩子们在那儿撒面包片、放模型船,年轻的恋人在树下携手散步,人们在绿草如茵的地方玩球嬉戏,头顶上则是美丽的天空。

另一个人倾听着,享受着每一分钟。一个孩子差点跌进湖里,一个美丽的女孩穿着漂亮的夏装……那个人的诉说几乎使他感觉自己目睹了外面发生的一切。

在一个晴朗的午后,他心想:为什么睡在窗边的人可以独享外面的风景呢?为什么我没有这样的机会?他越是这么想,越觉得不是滋味,就越想换床位。这天夜里,他正在迷迷糊糊地睡着,却被隔壁床的声音吵醒了。他烦闷地转过头继续睡,但声音却越来越嘈杂,紧接着医生和护士闯进来,

第四章　享受友谊的快乐

将靠窗的病人推走了。第二天，他听说靠窗的病人病情突然恶化，被送去了重症病房。

得知这一消息，他第一个念头却是自己可以拥有靠窗的位置了。于是他问护士，他是否能换到靠窗户的那张床上。他们搬动他，将他换到了那张床上，他感觉很满意。人们走后，他用肘部撑起自己，吃力地往窗外张望……

窗外只有一堵空白的墙。他呆住了，陷入深深的自责中。他看到的不是一堵墙，而是自己冷漠的心。

> **智慧点睛**
>
> 　　人活在世界上，最重要的不是被爱，而是要有爱人的能力。如果不懂得爱人，又如何能被人所爱呢？朋友，丢掉你的冷漠，打开你尘封的心，释放心中的爱吧，你的生命会因爱而更精彩。爱是医治心灵创伤的灵药，爱是心灵得以健康成长的沃土。爱，以和谐为轴心，照射出温馨、甜美和幸福。

开放的花园最美丽

米契尔是一个有名的大富翁。他有美丽的洋房和大片的花园。但他也有一个令自己头痛的难题：拥有这么多的财富，肯定有好多人在打自己的主意。怎么办呢？于是米契尔让仆人在房子四周筑起高高的围墙。

春天一到，花园里鲜花怒放，阵阵花香飘过围墙，令全镇的人都很神往。几个好奇的孩子想：院子肯定种着奇花异草，听说有一种长着大眼睛的花还会给孩子唱歌呢。于是孩子们打起主意，决心探个究竟。

夜晚，孩子们搭起人梯跳到院子里，他们在花丛中寻找着，踏坏了许多鲜花和嫩草。后来，他们被仆人发现，赶出了院子。

米契尔大为光火，把这事讲给朋友听。

朋友笑着说："为何不把围墙拆了呢？"

米契尔说："那我会丢失好多的财产！"

朋友笑了，说："有围墙又怎样？连一群孩子都拦不住，何况身手不凡的大盗呢！"

第四章　享受友谊的快乐

米契尔听从了朋友的劝告，彻底拆掉了围墙。于是，孩子们冲入了花园。他们仔细寻找心中的神花，结果，根本没有什么奇花异草。米契尔的朋友把孩子们请到客厅，并让他们美餐了一顿，然后对孩子们说："在花园中种下你们心中的神花吧！"孩子们高兴得跳起来，然后跑到花园里去了。

米契尔拆掉了围墙，从此，全镇的人都可以欣赏到花园的美丽。米契尔也因此得到了全镇人的爱戴和尊敬。

一天，一伙大盗闯入米契尔的家，准备将他家洗劫一空。他们刚闯入花园，就被守护神花的孩子们发现了。小杰克跑到洋房报告情况；小詹森跑去镇上通知大人们。结果大盗们被及时赶到的米契尔和镇上的人们捆绑起来。

庆功宴上，米契尔对所有人说："我要感谢你们，你们使我懂得了一个伟大的道理——这个世界上只有敞开的花园最安全、最美丽。"米契尔的话博得了所有人最热烈的掌声。

智慧点睛

生活中有些人喜欢将自己同别人对立起来，不愿意和别人一起分享自己的所得，但这往往是得不偿失的。事实上，打开心灵的围墙，学会同别人分享，你给别人一片灿烂的空间，别人也会给你最真心的呵护。

把爱分一些给别人

有一位守墓人，一连好几年，每个星期都会收到一个不相识的妇人的来信，信里附着钞票，要他每周给她儿子的墓地放一束鲜花。终于有一天，他们见面了。那天，一辆小车停在公墓大门口，司机匆匆来到守墓人的小屋，说："夫人在门口的车上，她病得走不动，请你去一下。"守墓人随他走到门口，看到一位上了年纪的妇人坐在车上，衣着有几分高贵，但眼神哀伤，毫无光彩。她怀抱着一大束鲜花。

"我就是亚当夫人。"她说，"这几年，我每个礼拜给你寄钱……"

"买花。"守墓人答道。

"对，给我儿子。"

"我一次也没忘了放花，夫人。"

"今天我亲自来，"亚当夫人温和地说，"因为医生说我活不了几个礼拜了。死了倒好，活着也没什么意思了。我只是想再看一眼我儿子，亲手来放一些花。"

守墓人眨巴着眼睛，苦笑了一下，决定再讲几句："我说，夫人，这几年你常寄钱来买花，我总觉得可惜。"

第四章　享受友谊的快乐

"可惜？"

"鲜花搁在那儿，几天就干了。没人闻，没人看，太可惜了！"

"你真是这么想的？"

"是的，夫人，你别见怪。我是想起来自己常去医院、孤儿院，那儿的人可喜欢花了。他们爱看花，爱闻花香。那儿都是活人，可这座墓地里哪个活着？"

老夫人没有作声。她只是小坐一会儿，默默地祷告了一阵，没留话便走了。守墓人后悔自己的这一番话太率直、欠考虑，这会使她受不了的。

可是几个月后，这位老妇人又忽然来访，把守墓人惊得目瞪口呆——这回她是自己开车来的。

"我把花都给那儿的人们了。"她友好地向守墓人微笑着，"你说得对，他们看到花可高兴了，这真叫我快活！我的病也好转了，医生不明白是怎么回事，可是我自己明白，我觉得活着还有些用处。我找到了活着的真正意义，这重新唤起了我对生命的希望！"

> **智慧点睛**
>
> 　　一个活着的人，心里只有阴暗和悲观，而看不到世上其他的人们，这个人的心灵其实已如枯草般衰落、死亡。
>
> 　　我们生活在一个美丽的世界上，一个人只有学会爱他人，才能够体会到这世间的美好。

两根蜡烛

汤姆是一个工程师，虽然人过中年，但事业还是一无所成，因此常常无端地发脾气，抱怨别人欺骗了他。终于有一天，他对妻子说："这个城市令我失望，我想离开这里，换个地方。"无论朋友们如何相劝，都无法改变他的决定。

汤姆和妻子来到了另外一个城市，搬进了新居。这是一幢普通的公寓楼。汤姆忙于工作，早出晚归，对周围的邻居未曾在意。

一个周末的晚上，汤姆和妻子正在整理房间，突然，停电了，屋子里一片漆黑。汤姆很后悔来的时候没有把蜡烛带上，只好无奈地坐在地板上抱怨起来。

门口突然传来轻轻的、略为迟疑的敲门声，打破了黑夜的寂静。

"谁呀？"汤姆在这个城市并没有熟人，也不愿意在周末被人打扰。他很不情愿地起身，费力地摸到门口，极不耐烦地开了门。

"你有蜡烛吗？"是一个小女孩的声音。

第四章　享受友谊的快乐

"没有！"汤姆气不打一处来，"嘭"的一声把门关上了。

"真是麻烦！"汤姆对妻子抱怨道，"讨厌的邻居，我们刚刚搬来就来借东西，这么下去怎么得了！"

就在他满腹牢骚的时候，门口又传来了敲门声。

打开门，门口站着的依然是那个小女孩，只是手里多了两根蜡烛，红彤彤的，就像小女孩涨红的脸，格外显眼。"奶奶说，楼下新来了邻居，可能没有带蜡烛来，要我拿两根给你们。"汤姆顿时愣住了，好长时间才缓过神来："谢谢你和你的奶奶，上帝保佑你们！"

在那一瞬间，汤姆猛然醒悟，他明白了自己失败的根源就在于对别人的冷漠与刻薄。

点上女孩送的蜡烛，汤姆觉得屋子亮了，心也亮了。

> **智慧点睛**
>
> 想让自己的心灵照进阳光，先要打开一条对外的缝隙。不要总是抱怨别人对你冷漠，也不要抱怨这个社会缺乏人情味。打开冷漠的心锁，积极去交往，你就能够走出人际的孤岛，体会到人与人之间情感的温暖。

两个海洋的故事

　　一位地理学教授曾给学生们讲过一个关于两个海洋的故事。

　　以色列有两个内海——加利利海和死海。死海在海平面下392米的低处，它的周围是一片无垠的沙漠，对岸则是约旦的领土。死海的水中含有很高的盐分，盐的比重很大，当人掉进去时，身体会自然浮起而不会被淹死。死海的水中无鱼，也没有其他任何生物。

　　加利利海是一个淡水湖，里面有很多生物，因传说中耶稣曾在此地渔猎而享有盛名。海中盛产一种"圣彼得鱼"，这种鱼虽然外观丑陋，可是肉味鲜美，已成该地名产。加利利海边餐厅林立，都以售圣彼得鱼为主，来这里游览的旅客们常常因此大饱口福。加利利海的岸边，老树枝叶茂密，树上百鸟云集，啼声悦耳，真是一个充满生趣的美丽世界！

　　相较之下，死海就没有这么热闹了。死海没有任何生物生存在其中，周围也没有半棵树，更听不到鸟儿的歌声。连死海上空的空气，都让人觉得沉闷。从来没有一只住在沙漠上的动物到岸边去喝水。也许正因为如此，人们才会将其命名为"死海"吧！

两者为什么差别如此之大呢？

先哲们的解释是：加利利海不像死海。那样，只知收，而不知出。

约旦河流入加利利海之后，又流了出来，最后归之死海。加利利海接受了多少东西，也会给别人多少东西，所以它经常是活生生的。而每一滴水到了死海之后，都要被占有。死海把所有的东西都据为己有，只知进而不知出，因此它才会有一片死气沉沉的景象。

> **智慧点睛**
>
> 流水不腐，户枢不蠹，世间万物都适用于这个道理。只有索取而不懂得付出的人，最后会疲于获得。付出与回报的互相循环，才让人间充满温暖人心的力量。

第五章
勇敢面对未来

每个人都想依赖强者,但人在成长的过程中终究要独立面对自己的生活,如果一个人只知道一味地依附于外界的帮助,生活在别人的荫蔽之下,那么他永远也无法摆脱自己对他人的依赖,这不仅不利于他今后融入社会、独立生活,而且还会为他的成长埋下隐患。

拒绝死神的乔妮

1967年的夏天,美国跳水运动员乔妮·埃里克森在一次跳水事故中身负重伤,全身瘫痪。

乔妮终日以泪洗面,怎么也摆脱不了那场噩梦,为什么跳板会滑?为什么她会恰好在那时跳下?不论家人怎样劝慰她,她总认为命运对她实在不公。出院后,她叫家人把她推到跳水池旁。她注视着那蓝莹莹的水波,仰望那高高的跳台。她再也不能站立在那洁白的跳板上了,那蓝莹莹的水波再也不会溅起朵朵美丽的水花拥抱她了。她又掩面哭了起来,从此她被迫结束了自己的跳水生涯,离开了那条通向跳水冠军领奖台的路。

她曾经绝望过。但现在,她拒绝了死神的召唤,开始冷静思索人生的意义和生命的价值。她借来许多介绍前人如何成才的书籍,一本一本认真地读了起来。她虽然双目健全,但读书也是很艰难的,只能靠嘴衔根小竹片去翻书,劳累、伤痛常常迫使她停下来。休息片刻后,她又坚持读下去。通过大量的阅读,她终于领悟到:虽然我无法再次站起来,但也有许多和我一样境遇的人,在另外一条道路上获得了成功,

第五章　勇敢面对未来

他们有的成了作家，有的创造了盲文，有的创造出美妙的音乐，我为什么不能呢？于是，她想到了自己中学时代曾喜欢画画。我为什么不能在画画上有所成就呢？

这位纤弱的姑娘变得坚强和自信起来了。她重拾中学时代用过的画笔，用嘴衔着开始了练习。这是一个多么艰辛的过程啊。用嘴画画，她的家人连听也未曾听说过。他们怕她因不成功而伤心，纷纷劝阻她："乔妮，别那么死心眼了，哪有用嘴画画的？我们会养活你的。"可是，他们的话反而激起了她学画的决心："我怎么能让家人一辈子养活我呢？"她更加刻苦了，常常累得头晕目眩，汗水把双眼弄得咸咸的而且辣痛，甚至有时委屈的泪水把画纸也打湿了。为了积累素材，她还常常乘车外出，拜访艺术大师。许多年过去了，她的辛勤付出没有白费，她的一幅风景油画在一次画展上展出后，得到了美术界的好评。

不知为什么，乔妮又想到要学文学。她的家人及朋友们又劝她："乔妮，你的绘画已经很不错了，还学什么文学，那会更苦了你自己的。"她是那么倔强、自信，她没有说话，她想起一家刊物曾向她约稿，要她谈谈自己学绘画的经过和感受，她用了很大力气，可稿子还是没有写成，这件事对她刺激太大了，她深感自己写作水平差，必须一步一个脚印地去学习。

这是一条满是荆棘的路，可是她仿佛看到艺术的桂冠在前面熠熠闪光，等待她去摘取。是的，这是一个很美的梦，乔妮要圆这个梦。终于，又经过许多艰辛的岁月，这个美丽的梦终于成了现实。1976年,她的自传《乔妮》出版了,轰动了文坛,她收到了数以万计的热情洋溢的信。又两年过去了,她的《再前进一步》一书问世了。在书中,她以自己的亲身经历告诉残疾人应该怎样战胜病痛,立志成才。后来,这本书被搬上了银幕,影片的主角就是由她本人扮演的。她成了千千万万个青年自强不息、奋进不止的榜样。

> **智慧点睛**
>
> 　　一个成功的人应该具备坚韧不拔、勇往直前的优秀品质,在失败面前,不畏惧、不退缩。他会用坚强的意志去抵抗命运给予他的任何失败,从而成功实现自己的人生目标。
>
> 　　诚然,遇到失败和不幸无疑是极大的挑战。如果损失已经发生,就要想方设法弥补损失,把损失降到最低的限度,同时要设法"堤内损失堤外补",反败为胜。而要做到这一点,需要极大的毅力。

雕塑人生的罗丹

这是一位美学课上的"常客",因为他的事迹实在有鼓舞人心的力量。

奥古斯特·罗丹,19世纪法国伟大的雕塑家,西方近代雕塑史上继往开来的一代大师,他的雕塑作品《思想者》是现代世界最著名的塑像。

罗丹出生于巴黎拉丁区的一个公务员家庭。父亲一直希望罗丹能掌握一门手艺,过上殷实的生活。但是罗丹从小醉心于美术,为此,父亲曾撕毁罗丹的画,将他的铅笔投入火炉。罗丹的功课很差,他常常上课时也在画画,以至于老师用戒尺狠狠打他的手,使他有一个星期不能握笔。在姐姐的资助下,罗丹上了一所工艺美校,在此,他学习了绘画和雕塑的一些基本知识,并立下志向要当一名雕塑家,并把雕塑作为自己的使命。

罗丹去报考著名的巴黎美专,可能是由于他的作品太不合主考者的品位,一连三次都没有被录取。罗丹遭到如此挫折,决心再也不投考官方的艺术学校了。不久,一直资助他的姐姐病逝,罗丹心灰意冷,决心进修道院去赎罪。后来,在修道院院长的鼓励下,罗丹重新燃起了对艺术的渴望,于半年后离开了修道院。

在罗丹几乎丧失信心的时候,他在工艺美校时的老师勒考克一直鼓励着他。同时他遇到了他的模特兼伴侣罗丝,于是他正式开始了他的创作生涯。

罗丹创作的头像《塌鼻人》遭到了学院派的轻视,但罗丹仍是夜以继日地工作着。他曾在比利时和雕塑家范·拉斯堡合作,稍稍有了一点积蓄。利用这笔钱,罗丹到访了意大利的佛罗伦萨、罗马等地,研究了那里保存的各个时期的艺术大师的作品。这次游历使罗丹获得极大的收获,回布鲁塞尔后就创作出了精心构制的作品《青铜时代》。

由于雕像过于逼真,罗丹竟被指控从尸身上模印。罗丹百般申辩,经过官方长时间的调查,才证明这确系罗丹的艺术创作,一场风波就此平息,而罗丹的名声也由此传开了。

他以但丁《神曲》中的《地狱篇》为题材,构思了规模宏大的《地狱之门》。这件作品整个创作前后费时达20年,最后也没有正式完成,但部分构思却在别的作品中有了体现。1891年,罗丹受法国文学协会之托制作的《巴尔扎克》再一次遭到非议,一些人认为作品太粗陋草率,像一个裹着麻袋片的醉汉。文学协会在舆论哗然之下,拒绝接受这座纪念像。

但是在1900年巴黎万国博览会上,一个专设的展厅陈列了罗丹的171件作品。成千上万的人拥来看《地狱之门》《巴

第五章　勇敢面对未来

尔扎克》《雨果》，来自世界各国的艺术家和社会名流纷纷向罗丹表示祝贺和敬意。罗丹在法国之外的世界获得了极大的声誉，各国博物馆争相购买他的作品，以致能得到罗丹的作品成为时髦事，罗丹终于获得了成功。

1904年，罗丹被设在伦敦的国际美术家协会聘为会长，他的荣誉达到了一生的顶点。但罗丹并未就此止步，他开始着手雕塑比真人还大一倍的《思想者》。这是罗丹最后一个史诗性的作品，为罗丹赢得了"欧洲雕塑领域坦丁"的美誉，罗丹的名字和《思想者》同在时光的长河中熠熠生辉。

智慧点睛

小时候，每个人都有宏大的理想。但是后来呢？当你年岁增长到可以去实现自己的理想时，四面八方的压力随之而来。不可否认他人的建议会有合理性的成分，但自己的人生之路还是要自己去走，不能依靠他人的建议和帮助。

之所以要走自己的路，完全是因为我们每个人都是独特的——永远不要忘记这一点。要知道，梦想与坚持再加上一点主见，这是所有成功者的公式。

洛奇的忠告

有一次,美孚石油公司董事长洛奇到一家分公司去视察工作,在卫生间里,看到一位小伙子正跪在地上擦洗水渍,并且每擦一下,就虔诚地叩一下头。洛奇感到很奇怪,问他为何如此?这位小伙子答道:"我在感谢一位圣人。"

洛奇问他为何要感谢那位圣人?小伙子说:"是他帮助我找到了这份工作,让我终于有了饭吃。"

洛奇笑了,说:"我曾经也遇到一位圣人,他使我成了美孚石油公司的董事长,你愿意见他一下吗?"小伙子说:"我是个孤儿,从小靠别人养大,我一直都想报答养育过我的人。这位圣人若能使我吃饱之后,还有余钱,我很愿意去拜访他。"

洛奇说:"你一定知道,南非有一座高山,叫胡克山。据我所知,那上面住着一位圣人,能为人指点迷津,凡是遇到他的人都会前程似锦。10年前,我到南非登上过那座山,正巧遇上他,并得到他的指点。假如你愿意去拜访,我可以向你的经理说情,准你一个月的假。"这位年轻的小伙子是个虔

第五章　勇敢面对未来

诚的教徒，很相信神的帮助，他谢过洛奇后就上路了。他风餐露宿，日夜兼程，最后终于到达了自己心中的圣地。然而，他在山顶徘徊了一天，除了自己，什么都没有遇到。

小伙子很失望地回来了。他见到洛奇后说的第一句话是："董事长先生，一路我处处留意，但直至山顶，我发现除我之外，根本没有什么圣人。"

洛奇说："你说得很对，除你之外，根本没有什么圣人。因为，你自己就是圣人。"

后来，这位小伙子成了美孚石油公司一家分公司的经理。有一次，在接受记者采访时，他向记者讲述了这个故事，并补充了这么一句话："发现自己的那一天，就是人生成功的开始。任何人只要相信自己，就能够创造奇迹。"

智慧点睛

一个人唯一可依靠的是自己，除了你自己，没有任何人可以带给你成功。你发现自己的那一天，就是你人生成功的开始。

百折不挠的诺贝尔

1864年9月3日这天，寂静的斯德哥尔摩市郊，突然爆发出一声震耳欲聋的巨响，滚滚的浓烟霎时冲上天空，一股股火焰直往上蹿。仅仅几分钟时间，一场惨祸就发生了。当惊恐的人们赶到现场时，只见原来屹立在这里的一座工厂只剩下残垣断壁，火场旁边站着一位30多岁的年轻人，突如其来的惨祸和过度的刺激，已使他面无血色，浑身不住地颤抖着……这个大难不死的青年，就是后来闻名于世的弗莱德·诺贝尔。诺贝尔眼睁睁地看着自己所创建的硝化甘油炸药实验工厂化为了灰烬。人们从瓦砾中找出了五具尸体，其中四人是他的亲密助手，而另一人是他在大学读书的小弟弟。五具烧得焦烂的尸体，惨不忍睹。诺贝尔的母亲得知小儿子惨死的噩耗，悲痛欲绝；年迈的父亲因大受刺激而引起脑溢血，从此瘫痪。然而，诺贝尔在失败面前没有动摇。

事情发生后，警察局立即封锁了爆炸现场，并严禁诺贝尔重建自己的工厂。人们像躲避瘟神一样地避开他，再也没有人愿意出租土地让他进行如此危险的实验。但是，困境并

第五章　勇敢面对未来

没有使诺贝尔退缩，几天以后，人们发现在远离市区的马拉仑湖上，出现了一只巨大的平底驳船，驳船上并没有装什么货物，而是装满了各种设备，一个年轻人正全神贯注地进行实验。毋庸置疑，他就是在爆炸中死里逃生，被当地居民赶走了的诺贝尔！

无畏的勇气往往令死神也望而却步。在令人心惊胆战的实验里，诺贝尔依然持之以恒地行动，他从没放弃过自己的梦想。

皇天不负有心人，他终于成功发明了雷管。雷管的发明是爆炸学上的一项重大突破，随着当时许多欧洲国家工业化进程的加快，开矿山、修铁路、凿隧道、挖运河等都需要炸药。人们渐渐转变了对诺贝尔的看法，他把实验室从船上搬迁到斯德哥尔摩附近的温尔维特，正式建立了第一座硝化甘油工厂。接着，他又在德国的汉堡等地建立了炸药公司。一时间，诺贝尔的炸药成了抢手货，诺贝尔的财富也与日俱增。

然而，初试成功的诺贝尔，好像总是与灾难相伴。不幸的消息接连不断地传来。在旧金山，运载炸药的火车因震荡发生爆炸，火车被炸得七零八落；德国一家著名工厂因搬运硝化甘油时发生碰撞而爆炸，整个工厂和附近的民房变成了一片废墟；在巴拿马，一艘满载着硝化甘油的轮船，在大西洋的航行途中，因颠簸引起爆炸，整个轮船葬身大海……

一连串骇人听闻的消息，再次使人们对诺贝尔望而生畏，甚至把他当成瘟神和灾星。随着消息的广泛传播，他被全世界的人打上了"恶魔"的标签。

面对接踵而至的灾难和困境,诺贝尔没有一蹶不振,他身上所具有的毅力和恒心,使他对已选定的目标义无反顾,永不退缩。在奋斗的路上,他已经习惯了与死神朝夕相伴。

大无畏的勇气和矢志不渝的恒心最终激发了他心中的潜能,他最终征服了炸药,吓退了死神。诺贝尔赢得了巨大的成功,他一生共获发明专利355项。他用自己的巨额财富创立的诺贝尔奖,被国际学术界视为一种崇高的荣誉。

智慧点睛

要最终战胜困难,取得胜利,少不了胆识,也少不了勇气。那些成功的人们,如果当初都在一个个人生的挑战面前,因恐惧失败而退却,而放弃尝试的机会,则绝无成功的降临,他们也将一生平凡。没有勇敢的尝试,就无从得知事物的深刻内涵,而勇敢去做了,即使失败,也由于亲身经历了实际的痛苦,而获得宝贵的体验,从而在命运的挣扎中,越发坚强,越发有力,越接近成功。

猫的礼物

从前，老虎并不像现在这样威风，相反他是所有动物中最弱小的一个。因为捕捉不到动物，常常是饥一顿，饱一顿。

狮王看见了，就把所有的小动物都召集起来说："老虎是我们中的一员，我们不能眼睁睁地看着他饿肚子而不管不问。我建议，大家都伸出友谊之手，拉他一把，帮他渡过难关。"于是，动物们都给老虎送去了好吃的东西，唯有猫什么东西也没有送。

狮王不高兴地对猫说："大家都为老虎送了东西，你怎么什么都不送呢？"

猫说："你们送给他的东西虽然很多，但总有一天会吃完的，我要送给他一件永远吃不完的礼物。"

狮王不屑地说："算了吧，你除能送几只老鼠外，还能送什么呢？"

猫回答道："以后你就会看到的。"

几个月以后，狮王又来到老虎家。好家伙！老虎家里里外外到处都挂着好吃的东西。

狮王问:"这些东西都是猫送的?"

"不,"老虎说,"他送的礼物要比这些东西贵重千万倍!"

狮王好奇地问:"那究竟是什么东西?"

老虎说:"他教我如何强壮身体,又教我学会了捕食的本领。"

"噢!"狮王从头到尾把老虎打量了一番说,"难怪你那么崇拜他呢,连衣服也和他穿得一模一样!"

智慧点睛

"授人以鱼,不如授人以渔。"再多的好东西都比不上一身本领。要想在社会上立足,就要摆脱依赖他人的想法,不断提高自身的能力,练就一身谋生的好本领。

玛丽·凯的诞生

玛丽·凯在美国可谓家喻户晓，在哈佛商学院，她的成功案例更是哈佛学子案头必备的研究。然而在她创业之初，也曾历经失败，走了不少弯路。但她从来不灰心、不泄气，终于成为一名大器晚成的化妆品行业的"皇后"。

20世纪60年代初期，玛丽·凯已经退休回家。可是过分寂寞的退休生活使她突然决定冒一冒险。经过一番思考，她把一辈子积蓄下来的5000美元作为全部资本，决定创办玛丽·凯化妆品公司。

为了支持母亲实现"狂热"的理想，两个儿子也"跳往助之"，一个辞去一家月薪480美元的人寿保险公司代理商职务，另一个也辞去了休斯敦月薪750美元的职务，加入母亲创办的公司中来，宁愿只拿250美元的月薪。玛丽·凯知道，这是背水一战，是在进行一次人生中的大冒险，若失败，不仅自己一辈子辛辛苦苦攒下的积蓄血本无归，而且还可能葬送两个儿子的美好前程。

在创建公司后的第一次展销会上，她隆重推出了一系列功效新颖的护肤品，按照原来的想法，这次活动会引起轰动，一举成功。可是，"人算不如天算"，整个展销会下来，她的公司只卖出去15美元的护肤品。

在残酷的事实面前，玛丽·凯不禁失声痛哭，而在哭过之后，她反复地问自己："玛丽·凯，你究竟错在哪里？"

经过认真的分析，她终于悟出了一点：在展销会上，她的公司从来没有主动请别人来订货，也没有向外发订单，而是希望女人们自己上门来买东西……难怪会落到如此的后果。

玛丽擦干眼泪，从第一次失败中站了起来，在抓生产管理的同时，加强了销售队伍的建设。

经过20年的苦心经营，玛丽·凯化妆品公司由初创时的雇员9人发展到现在的5000人；由一个家庭公司发展成为一个国际性的公司，拥有一支20万人的推销队伍，年销售额超过3亿美元。这就是美妆品牌玫琳凯的故事。

玛丽·凯终于实现了自己的梦想。

已经步入晚年的玛丽·凯能创造如此的奇迹，并不是上天的眷顾，而在于她面对挫折时永不服输的精神。失败很常见，但失败之后，不"偃旗息鼓"，不被困难击倒，不向命运屈服，那么人生路上定会绽放无数的成功之花。

第五章　勇敢面对未来

> **智慧点睛**
>
> 　　不要惧怕挫折，挫折是一个人人格的试金石，在一个人输得只剩下生命时，潜在心灵的力量还有几何？没有勇气、没有拼搏精神、自认挫败的人的答案是零。只有无所畏惧、一往无前、坚持不懈的人，才会在失败中崛起，奏出人生的华章。
>
> 　　无论遇到多么大的失败，绝不自暴自弃，只有坚持奋斗，才能获得最后的胜利。如温特·菲力所说："失败，是走上更高地位的开始。"

哈默的尊严

一年冬天,美国加州的一个小镇上来了一群逃难的流亡者。长途的奔波使他们一个个满脸风尘,疲惫不堪。善良好客的当地人家家生火做饭,款待这群逃难者。镇长约翰给一批又一批的流亡者送去粥食,这些流亡者显然已好多天没有吃到这么好的食物了,他们接到东西,个个狼吞虎咽,连一句感谢的话也来不及说。

只有一个年轻人例外。当约翰镇长把食物送到他面前时,这个骨瘦如柴、饥肠辘辘的年轻人问:"先生,吃您这么多东西,你有什么活儿需要我做吗?"约翰镇长想,给一个流亡者一顿果腹的饭食,每一个善良的人都会这么做。于是,他说:"不,我没有什么活儿需要您来做。"

这个年轻人听了约翰镇长的话之后显得很失望,他说:"先生,那我便不能随便吃您的东西,我不能没有经过劳动,便平白得到这些东西。"约翰镇长想了想又说:"我想起来了,我家确实有一些活儿需要你帮忙。不过,等你吃过饭后,我就给你派活儿。"

第五章　勇敢面对未来

"不，我现在就做活儿，等做完您的活儿，我再吃这些东西。"那个青年站起来。约翰镇长十分赞赏地望着这个年轻人，但他知道这个年轻人已经两天没有吃东西了，又走了这么远的路，可是不给他做些活儿，他是不会吃下这些东西的。约翰镇长思忖片刻说："小伙子，你愿意为我捶背吗？"那个年轻人便十分认真地给他捶背。捶了几分钟约翰镇长便站起来说："好了，小伙子，你捶得棒极了。"说完将食物递给年轻人，他这才狼吞虎咽地吃起来。

约翰镇长微笑着注视着那个青年说："小伙子，我的庄园太需要人手了，如果你愿意留下来的话，那我就太高兴了。"

年轻人留了下来，并很快成为约翰镇长庄园的一把好手。两年后，约翰镇长把自己的女儿詹妮嫁给了他，并且对女儿说："别看他现在一无所有，可他将来一定是个富翁，因为他有尊严！"

果然不出所料，20多年后，那个年轻人真的成为亿万富翁了，他就是赫赫有名的美国石油大王哈默。哈默穷困潦倒之际仍然有自尊、自立的精神，赢得了别人的尊敬和欣赏，也为自己带来了好运。

智慧点睛

一个人只有自立才能为自己赢得尊严。一个在穷困中仍然能够保持自立精神，不依靠别人的施舍生活的人，最终必将获得人生的成功。

法拉第求职

英国皇家学会要为大名鼎鼎的琼斯教授选拔科研助手,这个消息让年轻的装订工人法拉第激动不已,赶忙去报了名。但临近选拔考试的前一天,法拉第却被意外地告知他的考试资格被取消了,因为他只是一个普通工人。

法拉第愣了,他气愤地赶到选拔委员会去理论,但委员们傲慢地嘲笑说:"没有办法,一个普通的装订工人想到皇家学院来,除非你能得到琼斯教授的同意!"法拉第犹豫了。如果不能见到琼斯教授,自己就没有机会参加选拔考试。但一个普通的书籍装订工人要想拜见大名鼎鼎的皇家学院教授,他会理睬吗?

法拉第顾虑重重,但为了自己的人生梦想,他还是鼓足了勇气站到了琼斯教授家的大门口。教授家的门紧闭着,法拉第在门前徘徊了很久。

终于,教授家的大门,被一颗胆怯的心叩响了。

院里没有声响,当法拉第准备第二次叩门的时候,门却"吱呀"一声开了。一位面色红润、须发皆白、精神矍铄的老

第五章 勇敢面对未来

者正注视着法拉第。"门没有锁,请你进来。"老者微笑着对法拉第说。

"教授家的大门整天都不锁吗?"法拉第疑惑地问。

"干吗要锁上呢?"老者笑着说,"当你把别人关在门外的时候,也就把自己关在了屋里。我才不当这样的傻瓜呢。"这位老者就是琼斯教授。他将法拉第带到屋里坐下,聆听了这个年轻人的叙说后,写了一张字条递给法拉第:"年轻人,你带着这张字条去,告诉委员会的那帮人说我已经同意了。"

经过严格而激烈的选拔考试,书籍装订工法拉第出人意料地成了琼斯教授的科研助手,迈进了英国皇家学院那高贵而华美的大门。

智慧点睛

恐惧是每个人在自己的成长过程中都会遇到的心理状态,它常常会限制一个人的自主性,减少生活的欢乐,妨碍个人的成长。因此,我们应当努力摆脱恐惧的枷锁,以年轻人应有的血气和胆量去面对艰难的事情,努力去做最好的自己。不要逃避人生,不要妄自菲薄。要拿出勇气,前进不止。

林肯总统给弟弟的一封信

林肯总统有一个异姓兄弟名叫詹斯顿,他曾经是一个游手好闲、好吃懒做的人,经常写信向林肯借钱,林肯想了很多办法来教育他,下面是林肯写给詹斯顿的一封信:

亲爱的詹斯顿:

我想我现在不能答应你借钱的要求。每次我给你一点帮助,你就对我说:"我们现在可以过得很好了。"但过不多久我发现你又没钱用了。你之所以这样,是因为你的行为有缺点。这个缺点是什么,我想你是知道的。你不懒,但你毕竟是一个游手好闲的人。我怀疑自从上次见到你后,你有没有好好地劳动过一整天。你并不完全讨厌劳动,但你不肯多做,这仅仅是因为你觉得从劳动中得不到什么东西。

这种无所事事浪费时间的习惯正是整个困难之重点所在。这对你是有害的,对你的孩子们也是不利的。你必须改掉这个习惯。以后他们还有更长的

第五章 勇敢面对未来

生活道路，养成良好习惯对他们更重要。从一开始就保持勤劳，这要比从懒惰的习惯中改正过来容易。

现在，你的生活需要用钱，我的建议是，你应该去劳动，通过全力以赴地劳动赚取报酬。

让父亲和孩子们照管你家里的事——备种、耕作。你去做事，尽可能地多挣些钱，或者还清你欠的债。为了保证你的劳动有一个合理的优厚报酬，我答应从今天起到明年5月1日，你用自己的劳动每挣一元钱或抵消一元钱的债务，我愿另外给你一元。

这样，如果你每月做工挣10元，就可以从我这儿再得到10元，那么你做工一月就净挣20元了。你可以明白，我并不是要你到圣·路易斯市的铅矿、金矿去，我是要你就在家乡卡斯镇附近做你能找到的有最优厚待遇的工作。

如果你愿意这样做，不久你就会还清债务，而且你会养成一个不再负债的好习惯，这样岂不更好？反之，如果我现在帮你还清了债，你明年又会照旧背上一大笔债。你说你几乎可以为七八十元钱放弃你在天堂里的位置，那么你把你天堂里位置的价值看得太不值钱了，因为我相信如果你接受我的建议，工作四五个星期就能得到七八十元。你说如果我把钱借给你，你就把地抵押给我，如果你还不了钱，就把土地的所有权交给我——简直是胡说！如果你现在有土地还活不下去，你没有土地又怎么过活呢？你一直对我很好，我也并不想对你刻薄。相反，如果你接受我的忠告，你会发现它对你比10个80元还有价值。

你的哥哥
林肯
1848年12月24日

智慧点睛

我们虽然可以依靠父母和亲戚的庇护成长，因爱人而得到幸福，但是无论怎样，人生归根到底还是要靠自己。

一个人应当学会在社会中自立，不能太依赖别人的帮助。依靠别人的帮助维持生活只能满足你的一时之需，但真正要在社会中生存下去，还是要靠自己的力量。勇敢去创造自己的新生活吧，放弃依赖，你会发现你原来可以飞得更高。

自信的小仲马

在哈佛大学的欧洲文学史课堂上，一位研究大仲马的教授讲了这么一个有趣的故事。

有一天，大仲马得知自己的儿子小仲马寄出的稿子总是碰壁，就告诉小仲马说："如果你能在寄稿时，随稿给编辑先生附上一封短信，说'我是大仲马的儿子'，或许情况就会好多了。"

小仲马断然拒绝了父亲的建议，他说："不，我不想站在你的肩头上摘苹果，那样摘来的苹果没味道。"

年轻的小仲马不但拒绝以父亲的盛名做自己事业的敲门砖，而且默默地给自己取了十几个其他姓氏的笔名，以避免那些编辑先生们把他和大名鼎鼎的父亲联系起来。

面对那些冷酷而无情的退稿信，小仲马没有沮丧，仍然坚持创作自己的作品。他的长篇小说《茶花女》寄出后，终于以其绝妙的构思和精彩的文笔震撼了一位资深编辑。这位知名编辑曾和大仲马有着多年的书信来往。他看到寄稿人的地址同大作家大仲马的丝毫不差，便怀疑是大仲马另取的笔名，但作品的风格却和大仲马的截然不同，带着这种兴奋和疑问，他迫不及待地乘车造访大仲马家。

令他大吃一惊的是，《茶花女》这部伟大的作品的作者竟是大仲马名不见经传的年轻儿子小仲马。

"您为何不在稿子上署上您的真实姓名呢？"老编辑疑惑地问小仲马。

小仲马说："我只想拥有真实的高度。"

老编辑对小仲马的做法赞叹不已。

《茶花女》出版后，法国文坛书评家一致认为这部作品的价值大大超越了大仲马的代表作《基督山伯爵》，小仲马一时间声名鹊起。

智慧点睛

自信是成功的第一个秘诀。一个人的价值只有通过自己辛勤努力取得的成绩才能够证明。我们要清楚地认识自己，认识自己真实的高度，就应当凭借自己辛苦的努力获得一定的业绩，并根据别人对自己的认可来判断自己的高度。

第六章
相信自己最优秀

　　你可以仰慕别人，但是绝对不能忽略了自己。你可以相信别人，但最应该相信的人就是你自己。如果你想要拥有一个自信、成功的人生，就要摆脱自卑和自我怀疑的心理，牢记苏格拉底所说的这句至理名言：最优秀的人就是你自己。

自信勇敢的小泽征尔

小泽征尔是享誉世界的交响乐指挥家。在一次世界优秀指挥家大赛的决赛中,他按照评委会给的乐谱指挥演奏,但是,在气势恢宏的音乐中,他那敏锐的耳朵却听见了不和谐的声音。起初,他以为是乐队的演奏出了错误,就要求大家停下来重新演奏,但是同样的怪音还是发出了,尽管它是那么细微,不仔细听几乎听不出来。

小泽征尔又一次要求乐队停下来。这一次,他觉得应该是乐谱有问题,并向在场的评委会专家们提出了这个疑问。这么重要的比赛,对评委会专家提供的乐谱表示怀疑,这还是第一次。面对专家的坚持,小泽征尔很慎重地又指挥乐队演奏了一次。这一回,他再次相信了自己的耳朵。面对一大批音乐大师和权威人士,他斩钉截铁地大声说:"不!一定是乐谱错了!"话音刚落,评委席上的评委们立即站起来,全体报以热烈的掌声,并祝贺他摘取了世界指挥家大赛的桂冠。

原来,这是评委们精心设计的一道试题,他们故意在乐谱中制造了一个小错误,以此来检验指挥家的音乐才能。自

第六章 相信自己最优秀

信勇敢的小泽征尔是不会迷信权威的,他只忠实于音乐本身。

> **智慧点睛**
>
> 　　小泽征尔的故事告诉我们,只有充分肯定自己,不畏权威的挑战,才能最终摘取胜利的桂冠!一个人要对自己有信心,否则就不能带给别人信心。有自信的人,方能使人信服。自信的人敢于坚持自己的主张,即使在权威面前也会坚信自我,而不会迷失自己。

给自己一面旗子

一天晚上,一位名叫杰克的青年站在一条河边,满脸忧郁。

这天是他30岁的生日,可他不知道自己是否还有活下去的必要。因为杰克从小在福利院里长大,身材矮小,长相也不出众,讲话又带着浓厚的法国乡下口音,所以他一直很瞧不起自己,认为自己是一个既丑又笨的乡巴佬,连最普通的工作都不敢去应聘,没有工作,也没有家。

就在杰克徘徊于生死之间的时候,与他一起在福利院长大的好朋友汤姆兴冲冲地跑过来对他说:"杰克,告诉你一个好消息!"

"好消息从来就不属于我。"杰克一脸悲戚。

"不,我刚刚从收音机里听到一则消息。拿破仑曾经丢失了一个孙子。播音员描述的相貌特征,与你丝毫不差!"

"真的吗,我竟然是拿破仑的孙子?"杰克一下子精神大振。联想到爷爷曾经以矮小的身材指挥着千军万马,用带着泥土芳香的法语发出威严的命令,他顿感自己矮小的身材同样充满力量，讲话时的法国口音也带着几分高贵和威严。

第二天一大早，杰克满怀信心地来到一家大公司应聘。

20年后，已成为这家大公司总裁的杰克，查证出自己并非拿破仑的孙子，但这早已不重要了。

> **智慧点睛**
>
> 榜样的力量是无穷的。朋友的一句话帮杰克找回了自信，从而改变了他一生的轨迹。当你觉得自卑和沮丧的时候，不妨为自己找一个伟人做榜样。这样可以帮助你走出自卑的阴影，重新找回自信和勇气。

永远坐在前排的玛格丽特

在肯尼迪政治学院旁的查尔斯河畔,伴着潺潺流水,一名教授曾给三五个学生们讲述"铁娘子"的成长故事。

20世纪30年代,英国一个不出名的小镇里,有一个叫玛格丽特的小姑娘,自小就受到严格的家庭教育。父亲经常对她说:"孩子,永远都要坐在前排。"父亲极力向她灌输这样的观点:无论做什么事情都要力争一流,永远走在别人前头,而不能落后于人。"即使是坐公共汽车,你也要永远坐在前排。"父亲从来不允许她说"我不能"或"太难了"之类的话。

对年幼的孩子来说,他的要求可能太高了,但他的教育在之后的时间里被证明是非常重要的。正是因为从小就受到父亲的"残酷"教育,才培养了玛格丽特积极向上的决心和信心。在以后的学习、生活或工作中,她时时牢记父亲的教导,总是抱着一往无前的精神和必胜的信念,尽自己最大的努力克服一切困难,做好每一件事情,事事必争一流,以自己的行动实践着"永远坐在前排"的信念。

玛格丽特在学校永远是最勤恳的学生,是学生中的佼佼

第六章 相信自己最优秀

者之一。她以出类拔萃的成绩顺利地升入当时像她那样出身的学生绝少奢望进入的文法中学。

在玛格丽特满17岁的时候,她开始明确了自己的人生追求——从政。然而,那个时候,进入英国政坛要有一定的党派背景。她出生于保守党党派氛围的家庭,但要想从政,还必须要有正式的保守党关系,而当时的牛津大学就是保守党党员最大俱乐部的所在地。由于她从小受化学老师影响很大,同时又想到,大学学习化学专业的女孩子比其他任何学科都少得多,如果选择其他的某个文科专业,那竞争就会很激烈。

于是,一天,她终于勇敢地走进校长吉利斯小姐的办公室说:"校长,我想去考牛津大学的萨默维尔学院。"

女校长难以置信,说:"什么?你是不是欠缺考虑?你连一节课的拉丁语都没学过,怎么去考牛津?"

"拉丁语我可以现在开始学习掌握!"

"你才17岁,而且你还差一年才能毕业,你必须毕业后再考虑这件事。"

"我可以申请跳级!"

"绝对不可能,而且,我也不会同意。"

"你在阻挠我实现我的理想!"玛格丽特头也不回地冲出校长办公室。

回家后她取得了父亲的支持,开始了艰苦的复习、学习及备考。在她提前几个月得到了高年级学校的合格证书后,就参加了大学考试,并如愿以偿地收到了牛津大学萨默维尔学院的入学通知书。玛格丽特便离开家乡到牛津大学去了。

上大学时，学校要求学5年的拉丁文课程。她凭着自己顽强的毅力和拼搏精神，在1年内学完了5年的课程，并取得了相当优异的考试成绩。其实，玛格丽特不光是在学业上出类拔萃，她在体育、音乐、演讲及学校活动方面也颇有成绩。所以，她所在学校的校长也这样评价她："她无疑是我们建校以来最优秀的学生，她总是雄心勃勃，每件事情都做得很出色。"

40多年以后，这个当年对人生理想孜孜以求的姑娘终于得偿所愿，成为英国乃至整个欧洲政坛上一颗耀眼的明星，她就是连续4年当选保守党党魁，并于1979年成为英国第一位女首相，雄踞政坛长达11年之久，被世界政坛誉为"铁娘子"的玛格丽特·撒切尔夫人。

智慧点睛

自信的人通常给自己的人生定位也相对较高。

我们正值大好的青春年华，有如人生的早春季节，正是适合为未来做好打算的时节。

立志当要高远，崇高的理想能激发人们崇高的信念与动机。

水温到了茶自香

一个受尽打击,对生活几乎丧失了信心的年轻人风尘仆仆地来到一座寺院,拜见一位得道的高僧,向他请教解脱之道。

这位高僧静静听着年轻人的叹息和絮叨,末了才吩咐小和尚说:"施主远道而来,烧一壶温水送过来。"

不一会儿,小和尚送来了一壶温水,高僧抓了些茶叶放进杯子,然后用温水沏了,放在茶几上,微笑着请年轻人喝茶。杯子冒出微微的水汽,茶叶静静地浮着。年轻人不解地询问:"温水怎么沏茶?"

高僧笑而不言。年轻人喝一口细品,不由摇摇头:"一点茶香都没有呢。"

高僧说:"这可是地道的龙井啊。"

年轻人又端起杯子品尝,然后肯定地说:"真的没有一丝茶香。"

高僧又吩咐小和尚:"再去烧一壶沸水送过来。"

又过了一会儿，小和尚便提着一壶冒着白汽的沸水进来。高僧起身，又取过一个杯子，放茶叶，倒沸水，再放在茶几上。年轻人俯首看去，茶叶在杯子里上下沉浮，散发出缕缕清香。

年轻人欲去端杯，高僧作势挡开，又提起水壶注入一线沸水。茶叶翻腾得更厉害了，一缕更醇厚更醉人的茶香袅袅升起，在禅房弥漫开来。高僧就这样注了五次水，杯子终于满了，那绿绿的一杯茶水，端在手上清香扑鼻，入口沁人心脾。

高僧笑着问："施主可知道，同是铁观音，为什么这两杯茶茶味迥异吗？"

年轻人思忖着说："一杯用温水，一杯用沸水，冲沏的水温不同。"

高僧点头："用水不同，则茶叶的沉浮就不一样。温水沏茶，茶叶轻浮水上，怎会散发清香？沸水沏茶，反复几次，茶叶沉沉浮浮，释放出四季的风韵：既有春的幽静和夏的炽热，又有秋的丰盈和冬的清冽。世间芸芸众生，也和沏茶是同一个道理，沏茶的水温度不够，想要沏出散发诱人香味的茶水是不可能的。你自己的能力不足，要想处处得力、事事顺心自然很难。要想摆脱失意，最有效的方法就是苦练内功，提高自己的能力。"

年轻人茅塞顿开，回去后刻苦学习，虚心向人求教，不久就在自己的公司里脱颖而出。

第六章 相信自己最优秀

> **智慧点睛**
>
> 自信是对自身能力的一种合理肯定，它建立在一定能力的基础之上。当你在生活中屡屡碰壁，不断遭受挫折时，不妨反观一下自身，看看自己的功夫是不是还不到家，如果自己的能力还有待提高，就不妨静下心来，刻苦自修，相信不久后，你就会从内心树立起对自己的自信来。

做出正十七边形的高斯

1796年的一天,在德国哥廷根大学,一个很有数学天赋的19岁青年吃完晚饭,开始做导师单独布置给他的每天例行的三道数学题。

前两道题在两个小时内就顺利完成了。第三道题写在另一张小纸条上:要求只用圆规和一把没有刻度的直尺,画出一个正十七边形。

他感到非常吃力。时间一分一秒地过去了,第三道题竟然毫无进展。这位青年绞尽脑汁,但他发现,自己学过的所有数学知识似乎对解开这道题都没有任何帮助。

困难反而激起了他的斗志:我一定要把它做出来!他拿起圆规和直尺,一边思索一边在纸上画着,尝试着用一些超常规的思路去寻求答案。

当窗口露出曙光时,青年长舒了一口气,他终于做出了这道难题。

见到导师时,青年有些内疚和自责。他对导师说:"您给我布置的第三道题,我竟然做了整整一个通宵,我辜负了您

第六章 相信自己最优秀

对我的栽培……"

导师接过学生的作业一看,当即惊呆了。他用颤抖的声音对青年说:"这是你自己做出来的吗?"

青年有些疑惑地看着导师,回答道:"是我做的。但是,我花了整整一个通宵。"

导师请他坐下,取出圆规和直尺,在书桌上铺开纸,让他当着自己的面再画出一个正十七边形。

青年很快做出了一个正十七边形。导师激动地对他说:"你知不知道,你解开了一桩有2000多年历史的数学悬案!阿基米德没有解决,牛顿也没有解决,你竟然一个晚上就解出来了,你是一个真正的天才!"

原来,导师也一直想解开这道难题。那天,他是因为失误,才将写有这道题目的纸条交给了学生。

每当这位青年回忆起这一幕时,总是说:"如果有人告诉我,这是一道有2000多年历史的数学难题,我可能永远也没有信心将它解出来。"

这位青年就是数学王子高斯。

智慧点睛

有些问题之所以没有解决好,也许是因为我们把它们想象得太难了,以至于没有勇气面对。因为在面对更多困难和挑战的时候,我们不是输给了困难本身,而是输给了自身对困难的畏惧。

你是无法替代的

山姆是一个啤酒厂的工人，有着一份稳定的工作，然而他总是觉得自己一无所长，认为自己比别人差。他总是抱怨上帝不公平，不能够赐予他像其他人一样的天赋。在一个晚上，他又坐在经常去的酒吧发牢骚，一个人拿着两个大小不同的酒杯坐到了山姆的身边，并且将两个酒杯都倒上了酒，问："你能告诉我这两个酒杯有什么区别吗？"

"一个大，一个小！"山姆看了一眼说道。

"不过，在我的眼里这两只酒杯一点区别都没有。它们都是用来盛酒的。"那个人看了一眼山姆继续说道，"我已经观察你很长一段时间，我真的不知道你有什么值得抱怨的。其实，在这个世界上人与人之间存在着差别，就像是这两个酒杯一样，有大有小。但是，不管怎样，它们不能够改变的都是要被装上酒才能体现它的价值和用处。人活在世上也是一样，不管老天爷给予我们什么样的聪明和财富，只要我们努力地活着，就能够体会得出人生的意义所在。"

第六章　相信自己最优秀

山姆似懂非懂地望着这个突然走过来的人。

"其实，你也用不着抱怨的，上帝偏爱这个世界上的每一个人，难道你没有发现自己在这个世界上是多么的重要吗？譬如，你是你孩子唯一的父亲，你给了他生命，甚至一切。你作为一个丈夫，在你的家庭之中起到的又是怎样的作用啊！如果没有你，我想你的妻子是很难一个人将这个家支撑下去。对于你年迈的父母来说，你便是他们全部的寄托和希望。你所做的每一件事情，他们都在密切地关注。你成功的时候，他们感到自豪；你失败的时候，他们也同样为你难过……你看看，你在他们的心目之中的位置是多么的重要啊！"那个人语重心长地对山姆说道，"我想你在他们心目之中的位置是别人永远无法替代的。难道不是这样吗？我真的不知道你还有什么好埋怨的。"

听完这番话，山姆感激地对那个好心的陌生人点了点头，怀着一种重生了的心情走出了酒吧。从此，山姆再也没有为自己抱怨过。

智慧点睛

每个人在别人心目中都是很重要的。不要因为自己一无所长就自怨自艾，要看重自己的价值，因为你在别人心目中是无可替代的。

伯杰的回报

19岁的伯杰是一个富商的儿子。一天晚餐后,伯杰正在欣赏深秋美妙的月色。突然,他看见窗外的街灯下站着一个和他年龄相仿的青年,青年身着一件破旧的外套,清瘦的身材显得很羸弱。

他走下楼去,问那青年为何一直站在这里。

青年满怀忧郁地对伯杰说:"我有一个梦想,就是希望自己能拥有一个宁静的公寓,晚饭后能站在窗前欣赏美妙的月色。可是这些对我来说简直太遥远了。"

伯杰说:"那么请你告诉我,离你最近的梦想是什么?"

"我现在的梦想,就是能够躺在一张宽敞的床上舒服地睡上一觉。"

伯杰拍了拍他的肩膀说:"朋友,今天晚上我可以让你梦想成真。"

于是,伯杰领着他走进了富丽堂皇的公寓,然后把他带到自己的房间,指着那张豪华的软床说:"这是我的卧室,睡在这儿,保证像天堂一样舒适。"

第六章　相信自己最优秀

第二天清晨，伯杰早早就起床了。他轻轻推开自己卧室的门，却发现床上的一切都整整齐齐，分明没有人睡过。伯杰疑惑地走到花园里。他发现，那个青年人正躺在花园的一条长椅上甜甜地睡着。

伯杰叫醒了他，不解地问："你为什么睡在这里？"

青年笑笑说："你给我这些已经足够了，谢谢……"说完，青年头也不回地走了。

30年后的一天，伯杰突然收到一封精美的请柬，一位自称是他"30年前的朋友"的男士邀请他参加一个湖边度假村的落成庆典。

在这里，他不仅领略了典雅的建筑，也见到了众多社会名流。接着，他看到了即兴发言的庄园主。

"今天，我首先要感谢的就是在我成功的路上，第一个帮助我的人。他就是我30年前的朋友——伯杰……"说着，他在众多人的掌声中，径直走到伯杰面前，并紧紧地拥抱了他。

此时，伯杰才恍然大悟。眼前这位名声显赫的大亨特纳，原来就是30年前那位贫困的青年。

智慧点睛

荣获诺贝尔经济学奖的教授萨缪尔森认为："人们应当首先认定自己有能力实现梦想，其次才是用自己的双手去建造这座理想大厦。"拥有梦想与艰苦奋斗是人生成功必备的要诀。

你本是条龙

有一天,著名的成功学专家安东尼·罗宾在自己的办公室里接待了一个走投无路、风尘仆仆的流浪者。

那人进门打招呼说:"我来这儿,是想见见这本书的作者。"说着,他从口袋中拿出一本名为《自信心》的书,那是安东尼许多年前写的。

安东尼微笑着示意流浪者坐下。流浪者激动地说:"一定是命运之神在昨天下午把这本书放入我的口袋中的,因为我当时决定跳入密歇根湖,了此残生。我已经看破一切,绝望至极,所有的人——包括上帝在内——已经抛弃了我。但还好,我看到了这本书,它使我产生了新的看法,为我带来了勇气和希望,并支持我度过昨天晚上。我已下定决心,只要我能见到这本书的作者,他一定能帮助我再度站起来。现在,我来了,我想知道你能替我这样的人做些什么。"

听完流浪者的故事,安东尼想了想,说:"虽然我没有办法帮助你,但如果你愿意的话,我可以介绍你去见这座大楼

第六章 相信自己最优秀

里的一个人,他可以帮助你东山再起,重新赢回原本属于你的一切。"安东尼刚说完,流浪者立刻跳了起来,抓住他的手,说道:"看在老天爷的分上,请带我去见这个人。"

他会为了"老天爷的分上"而做此要求,显然他心中仍存在着一丝希望。所以,安东尼拉着他的手,引导他来到心理试验室里,和他一起站在一块窗帘布之前。安东尼把窗帘布拉开,露出一面高大的镜子,流浪者可以从镜子里看到他的全身。安东尼指着镜子说:"就是这个人。在这世界上,只有一个人能够使你东山再起,除非你坐下来,彻底认识这个人——当作你从前并未认识他,否则,你只能跳入密歇根湖里,因为在你对这个人做充分认识之前,对于你自己或这个世界来说,你都将是一个没有任何价值的废物。"

流浪者朝着镜子走了几步,用手摸摸自己长满胡须的面孔,对着镜子里的人从头到脚打量了几分钟,然后后退几步,低下头,开始哭泣起来。过了一会儿,安东尼领他走出电梯间,送他离去。

几天后,安东尼在街上碰到了这个人,他不再是一个流浪汉形象,他西装革履,步伐轻快有力,头抬得高高的,原来那种衰老、不安、紧张的姿态已经消失不见。他说,他感谢安东尼先生让他找回了自己,并且很快找到了一份工作。

后来,那个人真的东山再起,成了芝加哥的富翁。

智慧点睛

很多人缺乏自信,是因为没有从内心真正认识自己,没有看到自己身上所蕴含的力量。正如一位著名励志大师所说的那样,你本是条龙。相信自己,充分激发出内心的力量,你就可以创造奇迹。

成名前的大仲马

法国著名作家大仲马在成名之前,是一个生活穷困潦倒、无所事事的青年。有一次,他跑到巴黎去拜访他父亲的一位朋友,请他帮忙找个工作。

他父亲的朋友问他:"你能做什么?"

"我没有什么了不得的本事,老伯。"

"数学精通吗?"

"不行。"

"你懂物理吗?或者历史?"

"什么都不知道,老伯。"

"会计呢?法律如何?"

大仲马羞愧地低下了头,第一次发觉自己太差劲了,便说:"我真惭愧,现在我一定要努力补救我的这些不足。我相信不久之后,我一定会给老伯一个满意的答复。"

父亲的朋友对大仲马说:"可是,你要生活啊!将你的住处留在这张纸上吧。"大仲马无可奈何地写下了他的住址。他父亲的朋友笑着说:"你终究有一样长处,你的字写得很好呀!"

　　你看,大仲马在成名前,也曾有过认为自己一无是处的时候。然而,他父亲的朋友却发现了他的一个看似并不算什么优点的优点——字写得很好。

> **智慧点睛**
>
> 　　生活中,特别是不自信的人,往往会把优秀的标准定得太高,而对自身的优点却视而不见。事实上,每个人都不是一无是处的,每个人身上都有独特的天赋,如果你能够正视自己的价值,发现自己的优势,你就能够在自信中充分挖掘出自身的潜能。

"傻瓜"哈代

哈代是一个发明家,但他周围的朋友和同事都认为他是一个满脑子怪念头的"傻瓜"。当他发现电影发明的原理之后,便从电影胶卷的转盘中产生了灵感:他让胶卷上的画面一次只向前移动一格,以便老师能够有充足的时间详细阐述画面里的内容。

这个想法让哈代受到不少嘲笑,但是他没有因此退缩,经过反复试验之后,哈代终于成功地实现了让画面与声音同步进行的目标,创造了"视听训练法"。

另外,作为一名游泳运动员,哈代曾两度入选美国奥运会游泳代表队,也曾连续三届获得"密西西比河十英里马拉松赛"的冠军(十英里即16.09344千米)。哈代在游泳的时候,觉得大家在比赛时使用的游泳姿势不好,决心加以改变。

但是,当他把想法告诉教练时,教练认为他的想法太过荒唐,立刻加以拒绝。一位游泳冠军也告诫他不要冒险尝试,以免不小心在水里淹死。

当然，哈代还是没有理会他们的告诫，仍然不断地挑战传统游泳的姿势，最后终于发明了自由泳。而自由泳现在成为国际游泳比赛的标准姿势之一。

> **智慧点睛**
>
> 不要怕被称为傻瓜，有时候，真理只站在少数人这边。要相信自己内心的想法，努力去实现它，而不是盲目听从他人的意见。如果你认为你做的事情值得坚持，那么就要有为它背负一切的勇气。

第七章
摆脱挫折的阴影

很多时候，我们所承受的压力都源于内在。我们的心灵随时都在面临着压力和痛苦的困扰。"弓满易折，月满易亏"，对待人生中的压力和挫折，我们要善于调适自我，及时为自己的心灵"减负"，这样才能保全自己的实力。

当你感到有压力时，不妨把烦恼和苦痛都当成垃圾丢掉吧，当你把那些根深蒂固、盘根错节的怨恨和烦恼从心头清洗干净后，你就会获得轻松和愉悦的心境。

最伟大的雕塑家

一天,在西格诺·法列罗的府邸正要举行一个盛大的宴会,主人邀请了一大批客人。就在宴会开始的前夕,负责制作点心的人员派人来说,他设计用来摆放在桌子上的那个大型甜点饰品不小心被弄坏了,管家急得团团转。

这时,在厨房里干粗活的一个仆人走到管家的面前怯生生地说道:"如果您能让我来试一试的话,我想我能做出另外一个来代替。"

"你?"管家惊讶地喊道,"你是什么人,竟敢说这样的大话?"

"我叫安东尼奥·卡诺瓦,是雕塑家皮萨诺的孙子。"这个脸色苍白的孩子回答道。

"小家伙,你真的能做出来吗?"管家将信将疑地问道。

"如果您允许我试一试的话,我可以造一个甜点饰品摆放在餐桌中央。"小孩子显得镇定了一些。

仆人们这时都有些手足无措了,于是,管家就答应让安东尼奥去试试,他则在一旁紧紧地盯着这个孩子,注视着他

第七章 摆脱挫折的阴影

的一举一动,看他到底怎么做。这个厨房的小帮工不慌不忙地让人端来了一些黄油。不一会儿,不起眼的黄油在他的手中变成了一头蹲着的巨狮。管家喜出望外,惊讶地张大了嘴巴,连忙派人把这头黄油塑成的狮子摆到了桌子上。

晚宴开始了,客人们陆陆续续地被引到餐厅里来。这些客人当中,有威尼斯最著名的实业家,有高贵的王子,有傲慢的王公贵族,还有眼光挑剔的艺术评论家。当客人们一眼望见餐桌上的黄油狮子时,都不禁交口称赞起来,纷纷认为这是一件天才的作品。他们站在狮子面前不忍离去,甚至忘了自己来此的真正目的。结果,这个宴会变成了对黄油狮子的鉴赏会。客人们在狮子面前细细欣赏着,不断地问西格诺·法列罗,究竟是哪一位伟大的雕塑家竟然肯将自己天才的技艺浪费在这样一种很快就会融化的东西上。法列罗也愣住了,他立即喊管家过来问话,于是管家就把小安东尼奥带到了客人们的面前。

当这些尊贵的客人们得知面前这头精美绝伦的黄油狮子竟然是这个小孩仓促间做成的作品时,都不禁大为惊讶,整个宴会立刻变成了对这个小孩的赞美会。富有的主人当即宣布,将由他出资给小孩请最好的老师,让他的天赋充分地发挥出来。

西格诺·法列罗果然没有食言,为他请了一位老师。但安东尼奥没有被突如其来的幸运冲昏头脑,他依旧是一个纯朴、努力而又诚实的孩子。他孜孜不倦地刻苦努力着,希望能成为一名优秀的雕刻家。

也许很多人并不知道安东尼奥是如何充分利用第一次机会展示自己才华的。然而，后来却没有人不知道著名雕塑家安东尼奥·卡诺瓦的大名，也没有人不知道他是世界上伟大的雕塑家之一。

> **智慧点睛**
>
> 生活是公平的，它不仅会使我们随时陷入危机，而且也会不时地赐予我们机遇。只要你能充分利用各种信息，定能成功地抓住机遇，走向胜利。小安东尼奥抓住机遇成就自己的故事充分证明了，抓住机遇便能打开通往成功的大门。
>
> 机遇稍纵即逝，犹如白驹过隙，当机遇来临，善于发现并立即抓住它，要比谨慎的犹豫好得多，犹豫的结果只能是错过机遇，果断出击是改变命运的最好办法。

失败了也要昂首挺胸

巴西足球队为巴西捧回第一个世界杯冠军时，专机一进入国境，就迎来了热烈壮观的欢迎仪式：16架喷气式战斗机立即为之护航。当飞机降落在机场时，聚集在机场上的欢迎他们的球迷达3万人。从机场到首都广场不到20公里的道路上，自动聚集起来的球迷超过100万人。里奥市长晚出发了一会儿，竟然无法驱车去机场，只得从官邸乘直升机前往。途中，多数队员被请进豪华汽车，几个主力队员如贝利等则被人用手臂托起向前传递。四个多小时的路程他们脚不沾地，一直被送到总统府。

这激动人心的盛大场面，不由得让人想起四年前机场上的一幕：

就在巴西人都认为巴西队能获世界杯冠军时，巴西队却在半决赛意外地输给了法国队，结果那个金灿灿的奖杯没有被带回巴西。队员们悲痛至极，他们想，去迎接球迷的辱骂、嘲笑和汽水瓶吧，足球可是巴西的国魂。

飞机进入巴西领空后，他们坐立不安，因为他们心里清楚,这次回国"凶多吉少"。可是,当飞机降落在首都机场的时候,映入他们眼帘的却是另一番景象——总统和两万多名球迷默默地站在机场。他们看到总统和球迷共举一条大横幅,上面写着:失败了也要昂首挺胸。

队员们见此情景顿时泪流满面。总统和球迷们都没有讲话,他们默默地目送队员们离开机场。四年后,巴西队终于捧回了世界杯奖杯。

失败并不可怕,可怕的是因此而失去了斗志。面对挫折要昂首挺胸,这样才能迎接下一轮的胜利。

智慧点睛

当生活像一首歌那样轻快流畅时,笑逐颜开乃易事;而在一切事都不妙时,仍然微笑的人,才是真正的乐观。成功的道理在哪里都一样,每个人都不会一直顺利,都必须经历一番命运的洗礼才算真正的成长、成熟,但在这个"自炼成钢"的过程中有的人会一蹶不振,有的人却能够屡败屡战,不同的心态造就了不同的人生。因此,从某种程度上来说,人是自己和历史的共同产物。

弗兰克的"自由"

弗兰克是一位犹太裔心理学家,第二次世界大战期间,他被关押在纳粹集中营里受尽了折磨。他的父母、妻子和兄弟都死于纳粹之手,唯一活着的亲人是他的一个妹妹。当时,他本人也常常遭受严刑拷打,随时面临着死亡的危险。

有一天,他在独处囚室时,忽然悟出了一个道理:就客观环境而言,我受制于人,没有任何自由;可是,我的自我意识是独立的,我可以自由地决定外界刺激对自己的影响程度。弗兰克发现,在外界刺激和自己的反应之间,他完全有选择做出何种反应的自由与能力。于是,他靠着各种各样的记忆、想象与期盼,不断地充实自己的生活和心灵。他学会了心理调控,不断磨炼自己的意志,他自由的心灵早已挣脱了纳粹的禁锢。

这种精神状态感召了其他的囚犯。他协助狱友在苦难中找到了生命的意义,找回了自己的尊严。弗兰克后来这样写道:"每个人都有自己特殊的工作和使命,他人是无法取代的。生命只有一次,不可重复,实现人生目标的机会也只有一次。然而，最可贵的是，一个人可以自由地选择自己的思想，无论是身陷囹圄，还是行将就木，他都能够按照自己的意志自由地决定外界对自己产生的影响。"

在弗兰克生命中最痛苦、最危难的时刻，在他的精神行将崩溃的临界点，他靠自己的顿悟、靠成功的心理调控，不仅挽救了他自己，而且挽救了许多与他患难与共的生命。

智慧点睛

无法选择的是境遇，不是我们的态度。真正的自由取决于你的内心，而不是取决于外部条件，无论你处于什么样的环境下，都可以自由地决定外部条件对自己的影响程度。

寄往天堂的信

彼得是一个快乐的邮递员,他十分喜爱自己的工作,并且做得非常好。凡地址不详或字迹不清的"死信",经他辨认试投,无不被一一救活。彼得每天下班回到家,总是会把一天中开心的事情讲给妻子听;晚饭后,他会带着妻子和一对儿女到屋子外边散步。他的生活像是一片晴空,没半点阴霾。

在一个晴朗的早晨,他的小儿子突然病了。医生赶到后,一筹莫展。第二天,孩子就去世了。跟着,彼得的心也死了。他之后的生活就像是一封地址不详的死信,失去了寄托。他每天早早起床,出门上班,走在路上像个梦游者。他坐在办公桌前默默办公,下班回到家,默默吃饭,吃完饭,早早上床,看似一切如常。可他妻子知道,他常常整夜整夜地看着天花板。

妻子看在眼里,急在心里,对丈夫百般安慰但总是不见效。圣诞节临近了,周围的欢乐气氛也不能冲淡这一家的悲伤。本来是年初便跟弟弟一起翘首盼望圣诞节来临的安,也变得沉默寡言。

一天，彼得坐在自己的办公室整理一堆信件。他捡起一个用彩色纸做成的信封，只见上边用蓝色铅笔写着"寄给天堂的奶奶"几个大字。真是来无头去无尾！彼得轻轻叹了口气，正要顺手丢到一旁，但"寄给天堂"的字样似乎把他的心触动了。他拆开信，信中写道：

亲爱的天堂奶奶：

弟弟死了，爸爸妈妈很难过。妈妈说好人死了会到天堂，弟弟会跟奶奶在一起。弟弟有玩具吗？弟弟的木马我也不骑了，积木我也不玩了，我藏了起来，怕爸爸看见伤心。爸爸烟也不抽了，话也不说了。我爱听故事，也不要爸爸讲了，好让他早点睡。有一次我听见妈妈说："只有主能解救他。"奶奶，主在哪里呢？我一定要找到他，请他来解除爸爸的痛苦，叫爸爸继续抽烟斗，讲故事。

安

这天下班时，街灯已经亮了。彼得快步走回家，也没发现自己的影子一会儿在前，一会儿在后，因为他把头抬起来向前看了。他踏上门口的台阶，没有马上推门，而是静静地站在门外，整理了一下自己的衣服和头发，缓缓地吸了一口气，他要让自己的家人重新看到自己脸上久违的笑容。

第七章　摆脱挫折的阴影

> **智慧点睛**
>
> 　　人有悲欢离合，月有阴晴圆缺。人生难免会遭遇生离死别。但是，我们不能让自己长久地沉湎于悲伤的忧郁之中，要尽快摆脱忧郁的心情，享受正常的生活，因为世上还有很多值得你爱的人和事。

过去不等于未来

1920年,美国田纳西州的一个小镇上,有个华裔小姑娘出生了,妈妈只给她取了个小名叫"小芳"。由于她是个私生子,人们歧视她,这种歧视一直伴随她长大。直到小芳13岁那年,镇上来了一个牧师,就是这个牧师改变了她的人生。

有一天,小芳破天荒地鼓起勇气偷偷溜进了教堂,牧师的一番话深深震撼了她。第一次听过后,就有了第二次、第三次,一直到后来的那一次,小芳听得入迷而忘记了时间,当教堂的钟声响起时,她已经来不及离开了。她被堵在人群后面,低着头慢慢朝前移动。

突然,一只手搭在了她的肩上,她惊慌地顺着这只手望上去,正是牧师。"你是谁家的孩子?"牧师温和地问道。这句话是她十多年来最害怕听到的,它仿佛是一把烧红的烙铁,直烙在小芳的心上。

人们停止了走动,几百双惊愕的眼睛一齐注视着小芳,教堂里静得连根针掉在地上都能听见。小芳完全呆住了,她不知所措,眼里含着泪水。

第七章　摆脱挫折的阴影

这个时候，牧师脸上浮起慈祥的笑容，说："噢——知道了，我知道你是谁家的孩子了——是上帝的孩子。"

牧师抚摸着小芳的头说："这里所有的人和你一样，都是上帝的孩子！过去不等于未来——无论你过去怎么不幸，这都不重要。重要的是你对未来必须充满希望。孩子，人生最重要的不是你从哪里来，而是你要到哪里去。只要你对未来保持希望，你就会充满力量。不论你过去怎样，那都已经是过去了。只要你调整心态，明确目标，乐观积极地去行动，那么成功就是你的。"

顿时，教堂里爆发出热烈的掌声——掌声就是理解、是歉意、是承认、是欢迎。整整13年了，压抑心灵的陈年冰封，被"博爱"瞬间融化，小芳终于抑制不住，眼泪夺眶而出。从此，小芳变了。40岁那年，小芳荣任田纳西州州长，之后，她弃政从商，成为全球赫赫有名的成功人物。67岁时，她出版了自己的回忆录《攀越巅峰》。在书的扉页上，她写下了这样一句话：过去不等于未来！

智慧点睛

小芳由一个人人看不起的私生子变为叱咤政商两界的成功人士，是什么让她脱胎换骨，发生翻天覆地的变化呢？是心态！积极的心态让她能够准确地把握未来，把握自己的命运。无论你的过去是如春花般千娇百媚，还是如秋草般枯败，它们都不是决定你未来的因素。

那不过是一件衣服而已

凯特马上就要结婚了。她为自己设计了一袭美丽的新娘礼服,她到丝绸店去买了一些丝绸,那是象牙色绣着金色花朵的缎子。她花了很多时间去缝制这件新娘礼服,她的母亲来参加婚礼的时候,这件礼服差不多快完成了。

她的母亲是一个专制的人。她坚持她的女儿一定要穿纯白的新娘礼服,且不许有任何花样。丈夫汉斯认为凯特应当为自己辩解,因为毕竟这是她自己的婚礼,她有权利穿上她喜欢的礼服。凯特是个坚持己见、从不退缩的人,所以当她表现得毫不在意的时候,反而令丈夫大惑不解了。

后来,汉斯提到这件事情,凯特微笑着对丈夫说:"亲爱的,人生中有些事不必太在乎,这只不过是件衣服而已。只要我们从此成为夫妻,就算穿上面粉袋举行婚礼,我也十分快乐。"

婚礼的日子终于到了,凯特穿上纯白的礼服结婚,那一天她教给了汉斯一个重要的道理,很不幸的是,他耗费好几年的光阴才真正地明白了这个道理。

第七章 摆脱挫折的阴影

后来，当汉斯的女儿朱莉结婚时，他希望她能穿上那件象牙色的新娘装向凯特致敬。可惜的是，朱莉离家出走，甚至不告诉他就去结婚了。汉斯很生气，他甚至好几个月都不跟她说话。很久以后，他才恍然大悟，他也不过和凯特的母亲一样顽固不灵——终究，那不过是一件衣服而已。

奇怪的是，凯特从未保留她在婚礼当天真正穿的那件纯白礼服。当有位朋友需要一件新娘礼服时，凯特就把那件礼服割爱，并且告诉朋友不必还她了。然而，象牙色的礼服她却小心翼翼地珍藏着。在她心目中，这件象牙色的礼服才是她的新娘礼服。她偶尔会试穿一下，不过大部分的时间都是放置在盒子中，保存在衣橱的最上层。

> **智慧点睛**
>
> 要获得快乐，一个重要的原则就是不要为一些小事而烦恼，人生有许多值得铭记的事情，不要因为一些小事而耿耿于怀，破坏了自己快乐的心情。

关上身后的门

英国前首相劳合·乔治有一个习惯——随手关上身后的门。有一天,乔治和朋友在院子里散步,他们每经过一扇门,乔治就随手把门关上。"你有必要把这些门关上吗?"朋友很是纳闷。

"哦,当然有这个必要。"乔治微笑着说,"我这一生都在关我身后的门。你知道,这是必须做的事。当你关门时,也将过去的一切留在后面,不管是美好的成就,还是让人懊恼的失误,然后,你又可以重新开始。"

朋友听后,陷入了沉思中。

"我这一生都在关我身后的门!"多么经典的一句话!漫步人生,我们难免会经历一些风吹雨打,心中多少要留下一些让人心痛的回忆。我们需要总结昨天的失误,但我们不能对过去的失误和不愉快耿耿于怀,伤感也罢,悔恨也罢,都不能改变过去,不能使你更聪明、更完美。如果你总是背着沉重的怀旧包袱,为逝去的流年感伤不已,那只会白白耗费

第七章　摆脱挫折的阴影

眼前的大好时光，也就等于放弃了现在和未来。

> **智慧点睛**
>
> 　　要想让自己成为一个开心快乐的人，就要记着随时将一些懊恼、忧虑、遗憾拒之门外，将以往的痛苦抛诸脑后。这样，你才能充满希望地走向未来。

南瓜与铁圈

一位生物学教授曾和他的学生们做过这么一个实验:实验人员用很多铁圈将一个小南瓜整个箍住,以观察南瓜在生长过程中可以承受这个铁圈产生的压力的大小。实验之初他们估计南瓜最大能够承受500帕的压力。

等过了一个月之后,实验人员对南瓜承受的压力进行了测试,实验表明南瓜承受了500帕的压力;实验到了第二个月时,南瓜已经承受了1500帕的压力;到了第三个月,南瓜承受的压力已经达到2000帕。这时,研究人员必须对铁圈进行加固,以免南瓜将铁圈撑开。最后,当南瓜承受了超过5000帕的压力时,瓜皮开始破裂,此时实验无法再进行下去了。实验人员于是拆下铁圈,切开南瓜,发现它已经无法食用,因为南瓜里长满了一层层坚韧的植物纤维。

最震撼人心的是这个南瓜的根系都往不同的方向伸展开去,整个瓜园的土壤与资源几乎被它的根系控制了。南瓜为了自己的生存和成长,已经超出了常规的生长能力,已经竭尽所能,而它生长过程中所爆发出来的力量更是让所有实验人员感到震惊。

> **智慧点睛**
>
> 　　我们每个人内心承受压力的潜能都是无法估量的。只要你能够勇敢面对压力，注意调节，积极应对，那么再大的压力也不能把你击垮。

用微笑代替忧伤

有一天,唐娜接到国防部的电报,说她的侄儿——她最爱的一个人——在战场上失踪了。唐娜的心一下子就悬了起来,原本开朗乐观的她变得焦虑不安,茶饭不思。不久,她接到了侄儿的阵亡通知书。接到通知书的那一刻,她觉得自己的整个世界都崩塌了。

在此之前,唐娜一直觉得自己的命运很好。她说:"伟大的上帝赐给我一份喜欢的工作,又让我顺利地抚养大了相依为命的侄儿。在我看来,我的侄儿代表着年轻人最美好的一切。我觉得我以前的努力,现在都应该有很好的收获……"

然而,现在却来了这样一份电报,她的整个世界都被粉碎了,她觉得再也没有什么值得让自己活下去了,她找不到继续生存下去的理由。她开始忽视她的工作、忽视她的朋友,她抛开了生活的一切,对这个世界既冷淡又怨恨。"为什么我最爱的侄儿会死?为什么这么个好孩子还没有开始他的生活就离开了这个世界?为什么他会死在战场上?"她觉得自己

第七章　摆脱挫折的阴影

没有办法接受这个事实。她悲伤过度,决定放弃工作,离开家乡,把自己藏在眼泪和悔恨之中。就在她清理桌子准备辞职的时候,突然看到一封她已经忘了的信——一封她的侄儿生前寄来的信,当时,他的母亲刚刚去世。侄儿在信上说:"当然我们都会想念她的,尤其是你。不过我知道你会平静度过的,以你豁达的人生态度,就能让你坚强起来。我永远不会忘记那些你教给我的美丽的真理。不论我在哪里生活,不论我们分离得多么遥远,我永远都会记得你的教导。你教我要微笑面对生活,要像一个男子汉,承受发生的一切事情。"

唐娜把那封信读了一遍又一遍,觉得侄儿就在自己的身边,正在对自己说话。他好像在对自己说:"你为什么不按照你教给我的去做呢?坚持下去,不论发生什么事情,把你的悲伤藏在微笑下面,继续生活下去。"

侄儿的信为唐娜带来了很大的安慰和鼓舞,她不再对周围的一切充满敌视,不再对别人冷淡无礼,她又像以前那样充满希望地投入工作中去了。她一再对自己说:"事情到了这个地步,我没有能力改变它,不过我能够像他所希望的那样继续活下去。"

唐娜把所有的思想和精力都用在工作上,她写信寄给前方的士兵——给别人的儿子们;晚上,她参加成人教育班——要找出新的兴趣,结交新的朋友。她几乎不敢相信发生在自己身上的种种变化。她说:"我不再为已经过去的那些事悲伤,现在我每天的生活都充满了快乐——就像我的侄儿要我做到的那样。"

智慧点睛

问题的关键不在于发生了什么事情,而在于我们怎样看待发生在自己身上的事情。无论发生了什么事情,我们都必须接受既定的事实,把悲伤掩藏在微笑下面,继续平静地生活。

"我不能"先生的葬礼

贝勒夫人是阿肯色州一所乡村中学的文学教师,她性情活泼、和蔼可亲,深受学生爱戴。

有一天,她为学生们带来了别开生面的一节课。她让学生们在纸上写出自己不能做到的事。

所有的学生都全神贯注地埋头在纸上写着。一个10岁的女孩,她在纸上写了"我无法完整地背出太长的课文""我不会骑脚踏车""我不知道怎样才能让别人喜欢我"等。她已经写完了半张纸,却丝毫没有停下来的意思,仍然在认真地继续写着。每个学生都很认真地在纸上写下了一些句子,诉说着他们做不到的事情。贝勒夫人也正忙着在纸上写着她不能做到的事情,像"我不知道如何才能让孩子的家长都来开家长会""我不知道怎样帮助玛丽提高她对数学的兴趣"等。

大约过了10分钟,大部分学生已经写满了一整张纸,有的已经开始写第二张了。"同学们,写完一张纸就行了,不要再写了。"这时,贝勒夫人宣布这项活动结束。学生们按照她的指示,把写满了他们认为自己做不到的事情的纸对折好,然后按顺序依次来到老师的讲台前,把纸投进一个空的盒子里。

等所有学生都投完以后,贝勒夫人把自己的也投了进去。然后,她把盒子盖上,夹在腋下领着学生走出教室,沿着走廊向前走。走着走着,队伍停了下来。贝勒夫人走进杂物室,找了一把铁锹。然后,她一只手拿着盒子,另一只手拿着铁锹,带着大家来到运动场最边远的角落里,开始和大家挖起坑来。

大家你一锹我一锹地轮流挖着,10分钟后,一个一米深的洞就挖好了。他们把盒子放进去,然后又用泥土把盒子完全覆盖上。这样,每个人的"不能做到"的事情都被深深地埋在了这个"墓穴"里,埋在了一米深的泥土下面。

这时,贝勒夫人注视着围绕在这块小小的"墓地"周围的31个十多岁的孩子们,神情严肃地说:"孩子们,现在请你们手拉着手,低下头,我们准备默哀。"学生们很快互相拉着手,在"墓地"周围围成了一个圈,然后都低下头来静静等待着。"朋友们,今天我很荣幸能够邀请到你们前来参加'我不能'先生的葬礼。"贝勒夫人庄重地念着悼词,"'我不能'先生在世的时候,曾经与我们朝夕相处。'我不能'先生,您影响着、改变着我们每一个人的生活,有时甚至比任何人对我们的影响都要深刻得多。您的名字几乎每天都出现在各种场合。当然,这对于我们来说是非常不幸的。现在,我们已经把您安葬在了这里,并且为您立下了墓碑,刻上了墓志铭。希望您能够安息。同时,我们更希望您的兄弟姐妹'我可

第七章 摆脱挫折的阴影

以''我愿意',还有'我立刻就去做'等能够继承您的事业。虽然他们不如您的名气大,没有您的影响力强,但是他们会对我们每一个人、对全世界产生更加积极的影响。愿'我不能'先生安息吧,也祝愿我们每一个人都能够振奋精神,勇往直前!阿门!"

接下来,贝勒夫人带着学生又回到了教室。大家一起吃着饼干、爆米花,喝着果汁,庆祝他们解开了"我不能"这个心结。作为庆祝的一部分,贝勒夫人还用纸剪了一个墓碑,上面写着"我不能",中间则写上"安息吧",下面写着当天的日期。

贝勒夫人把这个纸墓碑挂在教室里。每当有学生无意说出"我不能……"这句话的时候,她只要指着这个象征死亡的标志,孩子们便会想起"我不能"先生已经安息了,转而去想出解决问题的方法。

智慧点睛

面对生活中的困境,很多人都被"我不能"这三个字束缚着,不敢正视现实中的困难和挑战,导致自身的潜能不能得到充分的发挥。面对问题,我们不妨试着把自己的"我不能"埋进坟墓,用积极的心态来面对一切,这样很多困难就可以迎刃而解。

米勒太太的经验

米勒太太年纪轻轻就已经是有作品出版的作家,可是仍然举止笨拙,所以常感自卑。她有点胖,因此她总是觉得衣服穿在别人身上比较好看。她在赴宴会之前要打扮好几个小时,可是一走进宴会厅就会感到自己一团糟,总觉得人人都在对她评头论足,在心里耻笑她。

有天晚上,米勒太太忐忑不安地去赴一个不太认识的人举办的宴会,在门外碰见了另一位年轻女士。

"你也是要进去的吗?"

"大概是吧,"她扮了个鬼脸,"我一直在附近徘徊,想鼓起勇气进去,可是我很害怕。我总是这样子。"

"为什么?"米勒太太站在门口的台阶上看了看她,觉得她很好看,比自己好看得多。"我也害怕得很。"米勒太太坦言。她们都笑了,不再那么紧张。她们走向人声嘈杂、情况不可预知的宴会厅。米勒太太的保护心理油然而生。

"你没事吧?"她悄悄问道。这是她生平第一次心不在自

第七章 摆脱挫折的阴影

己身上而在另一个人身上。这对她自己也有帮助,她们开始和别人谈话,米勒太太开始觉得自己是这群人中的一员,不再是个局外人。

穿上大衣回家时,米勒太太和她的新朋友谈起各自的感受。

"觉得怎么样?"

"我觉得比先前好,米勒太太。"

"我也如此,因为我们并不孤独。"

米勒太太想:这句话说得真对!我以前觉得孤独,认为世界上除我之外的所有人都自信十足,可是如今遇到了一个和我同样自卑的人。之前我让不安全感吞噬了,根本不会去想别的,现在我得到了另一个启示:会不会有很多人看起来意兴高昂,谈笑风生,但实际上心中也忐忑不安?

米勒太太想起本地报社那个态度无礼的编辑来,那个编辑似乎总是对她不冷不热,问他问题,他只草草答复。米勒太太觉得他的目光永远不和自己的目光接触,她总觉得他不喜欢自己,现在,米勒太太怀疑会不会是他怕自己不喜欢他?

第二天去报社时,米勒太太深吸一口气,对那位编辑说:"你好,安德森先生,见到你真高兴!"

米勒太太微笑着抬起了头。以前,她习惯一面把稿子丢在他桌上,一面低着头轻声说道:"我想你不会喜欢它。"这一次米勒太太改口道:"我真希望你喜欢这篇稿子,你的工作一定非常吃力。""的确吃力。"那位编辑叹了口气。米勒太太没有像往常那样匆匆离去,她坐了下来。米勒太太发现他不是个咄咄逼人的编辑,而是个头发半秃、其貌不扬、头大肩窄的男人，办公桌上摆着他妻儿的照片。米勒太太问起他们，那位编辑露出了微笑，严肃的表情变得柔和起来。米勒太太感到他们二人都自在多了。

> **智慧点睛**
>
> 一个人应当勇于活出自我，不要因为太在意别人的目光而使自己生活在痛苦和压抑之中。事实上，当你经常认为别人不欢迎自己（多数是我们自己假想的），或是太在意别人的想法时，就会为自己的交际带来很多不必要的心理负担。

第八章

感谢苦难的磨炼

生命并不像我们所希望的那样,总是充满阳光和坦途,困难和挫折也会常常光顾。面对挫折,一定要让自己保持积极乐观的心态,告诉自己,"这没什么大不了的"。从挫败的阴影中走出,它就会成为你迈向成功的一个新起点。无论在什么样的艰难困苦之中,我们都要保持一份乐观向上的精神,这样,我们就能战胜生活中的种种打击。

伟大的鲍比

1995年,法国杂志编辑鲍比因突发血管疾病陷入深度昏迷,导致四肢瘫痪,而且丧失了说话的能力。

被病魔袭击后的鲍比躺在医院的病床上,头脑清醒,但是全身的器官中,只有左眼还可以活动。

可是,他并没有被病魔打倒,虽然口不能言,手不能写,他还是决心要把自己在病倒前就开始构思的作品完成并出版。

出版商便派了一个叫克劳德的笔录员来做他的助手,每天工作6小时,给他的作品做笔录。

鲍比只会眨眼,所以就只有通过眨动左眼与克劳德来沟通,逐个字母地向克劳德背出他的腹稿,然后由克劳德写出来。克劳德每一次都要按顺序把法语的常用字母读出来,让鲍比来选择,如果鲍比眨一次眼,就说明字母是正确的。如果是眨两次,则表示字母不对。

由于鲍比是靠记忆来判断词语的,因此有时就可能出现错误,有时他又要滤去记忆中多余的词语。一开始,他和克劳德并不习惯这样的沟通方式,所以中间也产生过不少障碍

第八章 感谢苦难的磨炼

和问题。刚开始合作时,他们两个每天用6小时记录词语,每天只能录一页,后来慢慢增加到了3页。

历经几个月的艰辛之后,他们终于完成了这部著作。据粗略估计,为了写这本书,鲍比共眨了左眼20多万次。

这本不平凡的书有150页,已经出版,它的名字叫《潜水钟与蝴蝶》。

智慧点睛

成功是需要很多条件的,比如,健全的体魄、聪明的头脑、坚韧不拔的精神等,但这些条件并不是每个人都能具备的。一个成功者从不苛求条件,而是竭力创造条件——哪怕他只剩下一只眼睛可以眨动。

成功如同一枝带刺的玫瑰,只有坚持不懈的坚强之人才能摘取,也只有这样的人才配拥有她甜美的芬芳。

竭尽所能突破困境

　　约翰是一个汽车推销商的儿子，是一个典型的美国孩子。他活泼、健康，热衷于篮球、网球、垒球等运动，是中学里小有名气的优秀学生。后来约翰应征入伍，在一次军事行动中，他所在的部队被派遣到一座山头驻守。激战中，一颗炸弹突然飞入他们的阵地，眼看即将爆炸，他果断地扑向炸弹，试图将它扔开。可是炸弹却突然爆炸了，他被重重地炸倒在地上，当他醒来时，发现自己的右腿、右手全部被炸掉了，左腿血肉模糊，也必须被截掉了。那一瞬他想哭，却哭不出声来，因为弹片穿过了他的喉咙。人们都以为约翰不可能生还时，他却奇迹般地活了下来。

　　是什么力量使他活了下来？是格言的力量。在生命垂危的时候，他反复诵读先哲的这句格言："如果你能用苦难磨炼出坚忍，坚忍孕育出骨气，骨气萌发不懈的希望，那么苦难会最终给你带来幸福。"约翰一次又一次默念着这句话，心中始终保持着不灭的希望。然而，对于一个三肢截肢（双腿、

第八章 感谢苦难的磨炼

右臂）的年轻人来说，这个打击实在太大了！在深深的绝望中，他又看到了一句先哲的格言："当你被命运击倒在最底层之后，能再高高跃起就是成功。"

回国后，他从事了政治活动。他先是在州议会中工作了两届。然后，他竞选副州长失败。这是一次沉重的打击，但他用这样一句话鼓励自己："经验不等于经历，经验是一个人经历世事之后所获得的知识或技能。"这激励他更自觉地去尝试。紧接着，他学会驾驶一辆特制的汽车并开着车跑遍全国，发动了一场支持退伍军人的活动。那一年，总统命他担任美国退伍军人委员会的负责人，那时他34岁，是这个机构中担任此职务最年轻的人。约翰卸任后，回到了自己的家乡。1982年，他被选为州议会部长，1986年再次当选。

今天，约翰已成为亚特兰大一个传奇式人物。人们可以经常在篮球场上看到他摇着轮椅打篮球。他经常邀请年轻人与他进行投篮比赛，他曾经用左手一连投进了18个空心球。

"你必须知道，人们是以你自己看待自己的方式来看你的。你对自己自怜，人家则会报以怜悯；你充满自信，人们会待以敬畏；你自暴自弃，多数人就会嗤之以鼻。"一个只剩一条手臂的人能成为一名议会部长，能被总统赏识并担任一个全国机构的要职，是这些格言给了他力量。同时，他的成功也成了这些格言的有力佐证。

智慧点睛

英国诗人雪莱说:"除了变,一切都不会长久。"有些人宁可在困境中沉沦,也不期冀在改变中挣扎。他们害怕林荫小路后是万丈悬崖,而不敢去采撷那份芳菲;害怕改变是更大痛苦的序言,而不敢走出熟悉的圈子。正如司汤达所言:"一个真正的天才,绝不遵循常人的思想途径。"当众人在困境中负隅抗争时,你是否能看到困境外那缕阳光呢?抓住那缕阳光,成功也许就这么简单。

父亲的一课

一个女儿对她的父亲抱怨,说她的生命是如何如何痛苦、无助,她是多么想要幸福地走下去,但是她已失去方向,整个人惶恐不安,只想放弃。她已厌烦了抗拒、挣扎,但是问题似乎一个接着一个,让她毫无招架之力。

当厨师的父亲二话不说,拉起心爱的女儿的手,走向厨房。

他烧了三锅水,当水滚了之后,他在第一个锅子里放进了萝卜,第二个锅子里放了一颗蛋,第三个锅子里则放进了咖啡粉。

女儿疑惑地望着父亲,不知所以然,而父亲则只是温柔地握着她的手,示意她不要说话,静静地看着滚烫的水烧煮着锅里的萝卜、蛋和咖啡。

一段时间过后,父亲把锅里的萝卜和蛋捞起来各放进碗中,把咖啡倒进杯子,问:"宝贝,你看到了什么?"女儿说:"萝卜、蛋和咖啡。"

父亲把女儿拉近,要女儿摸摸经过沸水烧煮的萝卜,萝卜已被煮得软烂；他要女儿拿起那颗蛋，敲碎薄硬的蛋壳，细心观察这颗水煮蛋；然后，他要女儿尝尝咖啡，女儿笑起来，喝着咖啡，闻到了浓浓的香味。

女儿谦虚恭敬地问："爸，这是什么意思？"

父亲解释，这三样东西面对相同的逆境，也就是滚烫的水，反应却各不相同，原本粗硬、坚实的萝卜，在滚水中却变软了、变烂了；这个蛋原本非常脆弱，它那薄硬的外壳起初保护了它液体状的蛋液，但是经过滚水的沸腾之后，蛋壳内的蛋液却变硬了；而粉末状的咖啡却非常特别，在滚烫的热水中，它竟然改变了水。

"你呢？我的女儿，你是什么？"

父亲慈爱地抚摸着虽已长大成人，却一时失去勇气的女儿的头："当逆境来到你的面前，你做何反应呢？你是看似坚强的萝卜，但痛苦与逆境到来时却变得软弱，失去力量吗？或者你原本是一颗蛋，有着脆弱易变的心和一个有弹性、有潜力的灵魂，但是却在经历死亡、分离、困境之后，变得僵硬顽固。也许你的外表看来坚硬如旧，但是你的心和灵魂是不是变得又倔又固执？或者，你就像是咖啡，咖啡将那带来痛苦的沸水改变了，当它的温度升高到一百摄氏度时，水变成了美味的咖啡，当水沸腾到最高点时，它反而愈加美味。"

"如果你像咖啡，当逆境到来，一切不如意时，你就会变得更好，而且将外在的压力转变成更加令人欢喜的东西。懂了吗，我的宝贝女儿？你是要让逆境摧折你，还是你来转变，让身边的一切变得更美好？"

第八章 感谢苦难的磨炼

> **智慧点睛**
>
> 　　当厨师的父亲给自己的女儿上了生动的一课。心态能使你成功也能使你失败，不要让你糟糕的心态使你成为一个失败者。成功是由那些抱有积极心态并付诸行动的人所取得的。
>
> 　　一位伟人说："要么你去驾驭生命，要么是生命驾驭你。你的心态决定谁是坐骑，谁是骑师。"能在逆境中保持积极乐观的心态，并且不放弃努力的人，终将收获成功。

第1000根弦

从前,有一位弹奏三弦的盲人,十分渴望在自己的有生之年能看看世界,但是遍访名医,都说找不到医治的好方法。有一日,这位民间艺人碰见一个道士,道士对他说:"我给你一个保证治好眼睛的药方,不过,你得弹断1000根弦,方可打开这张方子。在这之前打开是不能生效的。"于是这位琴师带着一位也是双目失明的小徒弟游走四方,尽心尽力地以弹唱为生。就这样53年过去了,在他弹断了第1000根弦的时候,这位民间艺人迫不及待地将那张藏在怀里很久的药方拿了出来,请一个看得见的人代他看看上面写着的是什么药材,好治他的眼睛。

那个人接过方子来一看,说:"这是一张白纸嘛,并没有写一个字。"琴师听了,潸然泪下,突然明白了道士那"1000根弦"背后的意义。这一个"希望",支撑着他尽情地弹下去,而匆匆53年就此过去。

这位盲眼老艺人,没有把事情的真相告诉他的徒儿,他将这张白纸郑重地交给了他那也同样渴望能够看见光明的弟

第八章 感谢苦难的磨炼

子，对他说："我这里有一张保证治好你眼睛的药方，不过，你得弹断1000根弦才能打开这张药方。现在你可以去收徒弟了，去吧，去游走四方，尽情地弹唱，直到第1000根琴弦弹断，你就有了答案。"

智慧点睛

希望可以为我们的心灵带来勇气和力量，无论面临什么样的困境，只要心存希望，我们就能够战胜厄运，赢得精彩人生。

苦难是最好的学校

　　正当贝多芬精力充沛、充满热情地投身于他所钟爱的音乐事业时，不幸的事情发生了，由于罹患耳病，贝多芬渐渐失去了听觉。一天，他和朋友到野外散步，朋友们听到从远处传来一阵悠扬的笛声，赞叹道："这笛声多么优美呀！"贝多芬侧耳倾听，可他什么声音也没有听到。他们继续往前走，朋友们又听到牧童清脆的歌声，赞美道："这歌声多么动人啊！"贝多芬全神贯注地听，仍然什么也没听到。贝多芬这才知道自己的耳朵快要聋了。

　　对于音乐家来说，世界上还有什么能比耳朵更宝贵的呢！音乐家要用耳朵去辨别音的高、低、强、弱，要用耳朵去欣赏优美的旋律、丰富的和声和多变的节奏，音乐就是声音的艺术啊！这个打击对年轻的贝多芬来说，来得太突然了。

　　贝多芬陷入了极大的痛苦之中。他绝望了，甚至想到了自杀，连遗嘱都写好了。但是，经过一番激烈的思想斗争，贝多芬还是坚强地活了下来，因为他热爱生活，热爱音乐。他对别人说："是艺术，就只是艺术挽留了我，在我尚未把我

第八章　感谢苦难的磨炼

的使命完成之前，我不能离开这个世界。"

贝多芬勇敢地向命运发起了挑战，他在给朋友的信中豪迈地写道："我要扼住命运的喉咙，它休想使我屈服！"

这句话成为贝多芬一生的座右铭。

贝多芬比以前更加发奋努力。尽管他的耳病越来越严重，他听不到鸟儿的鸣叫、小溪的歌唱，也听不到雷鸣、风吼，世界上的任何声音他都听不到。但是，贝多芬没有灰心，也没有气馁，他坚韧不拔地与命运搏斗。贝多芬与命运搏斗的艰苦时期，正是他一生中创作力最旺盛、成就最辉煌的时期。他的大部分成功之作都是失聪以后创作的。他一生成就最卓著的九部交响乐都是在他患了耳疾后，听力渐退的情况下完成的。贝多芬以他惊人的毅力、辉煌的成就揭开了欧洲音乐史上崭新的一页。这个时期，他创作的几部具有代表性的交响乐，一直享誉全球。

智慧点睛

苦难是一笔巨大的财富，苦难缔造了强者坚韧不拔的品格，丰富了强者的斗争经验，锻炼了强者非凡的才干。总之，"苦难是成功之母"，不经风雨，怎能见彩虹？如果你想摘玫瑰，就不要怕有刺！人的一生不可能只有成功的喜悦而没有遭受挫折的痛苦，一个人如果能在失望中与绝望中看到希望，抓住新生，那他就有了成功的可能。

别让自己的心智老去

纽约市有一位著名的雕塑家安娜,她的作品常年在一个很有威望的美术馆展出。馆长去世后,美术馆停业了。当时,安娜40岁刚出头,没有第二个美术馆愿意接纳她的作品,这个结果令她大吃一惊。她整整奔走了两年,结果还是一无所获。她百思不得其解,难道是因为她的作品不够好吗?还是她的性情招人厌?难道老天是在惩罚她早年的成功?她终日郁郁寡欢,无法专心工作。

一天,一位喜欢她作品的馆长对她说:"你想知道我为什么不展出你的作品吗?"安娜求他说出原因。他平静地看着她说:"你太老了。"安娜当时不过才43岁,她简直不敢相信自己的耳朵。馆长解释说,他只喜欢两种人:一种是初出茅庐者,另一种是十分成熟的艺术家,他们的作品价格合理而且可供批评家们来"挖宝",而安娜两者都算不上。尽管馆长的这番话颇为伤人,安娜还是听了进去。刹那间,她明白了一切。

安娜痛苦地告诉自己:"我在纽约,也许再也找不到一个

第八章　感谢苦难的磨炼

伯乐了。"她不再漫无目的地从这家美术馆奔走到另一家美术馆，她决定做自己的主人。她为自己寻觅场地办展览，她邀请人们边喝咖啡，边欣赏她的作品。一时观赏者云集，她的作品售价一涨再涨。她不懂艺术的商业性，但学会了应对逆境的办法，她从未像现在这样成功。

"跌倒了再站起来，在失败中求胜利。"无数伟人都是这样成功的。

有人问一个孩子他是如何学会溜冰的，那孩子说："哦，跌倒了爬起来，爬起来再跌倒，再爬起来，这样便学会了。"人生的成功之道莫过于此。跌倒不意味着失败，跌倒了站不起来，才是真正的失败。

智慧点睛

屡败屡战是一种难能可贵的精神。

成功之路难免充满坎坷和曲折，有些人把痛苦和不幸当作退却的借口，也有人在痛苦和不幸面前寻得翻身的机会。只有勇敢地面对痛苦和不幸，永葆青春的朝气和活力，用乐观去战胜不幸，用坚持去战胜失败，我们才能真正成为自己命运的主宰，成为掌握自身命运的强者。其实失败就是强者和弱者的一块试金石，强者可以愈挫愈勇，弱者则是一蹶不振。要想成功，就必须有面对失败的勇气，必须在千万次失败面前不断地站起来，用百折不挠的精神战胜一切。

苦水里泡大的高尔基

高尔基从小跟着外祖父母一家生活。外祖母是一个非常慈祥的老人。她经常给小高尔基讲故事，比如，圣母救苦救难的故事、武士伊万的故事、埃及强盗妈妈的故事，等等。

这些故事离奇古怪，生动有趣，小高尔基常常听得呆呆的，入了迷。外祖母还会编许多有趣的诗歌，高尔基常常听着外祖母的歌谣入睡。儿时的高尔基，脑袋里装满了外祖母的诗歌。

1878年，高尔基到城郊的小学念书。这是专门为城市贫民子弟办的一所学校，但即使是进入这样的学校，对高尔基来讲也是相当艰难的。因为原先富有的外祖父破产了，家里一贫如洗。懂事的小高尔基每天放学以后就背着一个破袋子，走遍郊区的街道捡破烂，骨头、破布、碎纸、铁钉，什么都捡，然后卖给收废品的，换取一点点微薄的钱补贴家用。

家里的情况越来越糟糕，实在无法支付哪怕一丁点的学费了。就在这一年的秋天，小高尔基不得不离开学校到一家

第八章 感谢苦难的磨炼

鞋店当学徒。日子过得真苦啊！除了要做好店里的工作，还得帮老板干各种家务活：洗衣服、拖地板、带小孩……小高尔基每天都累得腰酸背痛，吃不好，睡不好。有一次做饭时，老板催着他快点上菜，高尔基心里一急，拿着汤碗的手不由得颤抖了起来，一不小心，将刚煮沸的菜汤洒了一地，双手也被严重烫伤，他被送进了医院。出院后，他就被解雇了。

后来，高尔基去建筑工程制图师兼营造师谢尔盖耶夫那儿做学徒。说是学徒，其实根本学不到任何手艺，而是每天做婢女和洗碗工的活儿。店主只负责给他提供一天三顿饭，此外没有工资也没有任何自由。但是为了给家里减轻一点负担，高尔基默默地接受了这个事实。他每天都要擦洗铜器、劈柴、生炉子、洗菜、带孩子、跟老板娘上市场当跑腿，逢周六还要擦洗全部房间的地板和两个楼梯。小小的高尔基，很早便尝到了人世的艰辛。

在痛苦的现实面前，高尔基唯一的乐趣就是读书。但是在谢尔盖耶夫家里，读书被看成是不务正业，被逮到了难免一顿毒打。高尔基总是千方百计地去找书，然后冒着很大的风险，深夜爬到阁楼，借着月光看书。高尔基读的书五花八门，龚古尔、福楼拜、司汤达的作品让高尔基如痴如醉，美妙的古典文学让高尔基神魂颠倒，他贪婪地吮吸着知识的甘露。

16岁的时候，高尔基决心要去读书，上大学。他希望通过上大学为自己寻找光明的前途。于是高尔基来到了喀山。但是对一个穷孩子来说，填饱肚子都得努力挣扎，上大学根本就是不切实际的幻想。他每天一早就出去找活儿干,跟流浪汉们一起劈柴,搬运货物,晚上就住在城市的公园里、岸边的窑坑里,甚至树洞里、沟渠边。他不再对上大学抱什么期望了,他清楚地知道,社会就是自己的大学,在社会的大课堂里,他将学到许多书本上没有的知识。后来,高尔基根据自己的经历,创作了他的"自传体三部曲"——《童年》《在人间》《我的大学》,这些作品成了世界文学史上不朽的经典。

智慧点睛

生活的贫苦磨炼了高尔基的意志,使他在饱尝艰辛的日子后变得更加坚强。

人生在世,遭遇凄风苦雨实属自然。没有始终波澜不惊的大海,也没有永远平坦的大道。纵使惊涛骇浪,纵使沟壑纵横,跨过去了,人生也就变得多彩而丰富。璞玉需要精心打磨才能晶莹光亮,生命也需要锤炼才能饱满厚重。

坚持到最后的林肯

1832年,林肯失业了,这显然使他很伤心,但他下决心要当政治家,当州议员。糟糕的是,他竞选也失败了。在一年里遭受两次打击,这对他来说无疑是痛苦的。

接着,林肯着手自己开办企业,可一年不到,这家企业又倒闭了。在以后的17年间,他不得不为偿还企业倒闭时所欠的债务而到处奔波,历尽磨难。

随后,林肯再一次决定参加州议员竞选,这次他终于成功了。他内心萌生了一丝希望,认为自己的生活有了转机:"可能我可以成功了!"

1835年,他订婚了。但离结婚还差几个月的时候,未婚妻却不幸去世。这对他精神上的打击实在太大了,他心力交瘁,数月卧床不起。1836年,他得了神经衰弱。

1838年,林肯觉得身体状况良好,于是决定竞选州议会议长,可他再次失败了。1843年,他又参加美国国会议员竞选,但这次仍然没有成功。

林肯虽然一次次地尝试,但却是一次次地遭受失败:企业倒闭、爱人去世、竞选败北。要是你碰到这一切，你会不会放弃——放弃这些对你来说是重要的事情？

林肯没有放弃，他也没有说："要是失败会怎样？"1846年，他又一次参加美国国会议员竞选，最后终于成功当选了。

两年任期很快过去了，他决定要争取连任。他认为自己作为国会议员表现是出色的，相信选民会继续选举他。但结果很遗憾，他落选了。

因为这次竞选，林肯赔了一大笔钱。他申请当本州的土地官员，但州政府把他的申请书退了回来，上面指出："做本州的土地官员要求有卓越的才能和超常的智力，你未能满足这些要求。"

又是接连两次失败。在这种情况下，你会坚持继续努力吗？你会不会说"也许我真得不行"？

然而，林肯没有服输。1854年，他再次竞选参议员，但失败了；两年后他竞选美国副总统，结果被对手击败；又过了两年，他再一次竞选参议员，还是失败了。

林肯尝试了11次，可只成功了两次，他一直没放弃自己的追求，他一直在做自己生活的主宰。1860年，他终于当选为美国总统。

> **智慧点睛**
>
> 人在面对压力时会激发出巨大的潜能，因此，我们不必因惧怕逆境和挫折而去当温室里的花朵。温室里的花朵固然

第八章　感谢苦难的磨炼

可以安全舒适地生活,但人生不可能一帆风顺,一旦逆境来临,首先被摧毁的就是失去意志力的温室里的花朵,经常接受磨炼的人却能创造出崭新的天地,这就是所谓的"置之死地而后生"。

因此,一个人要想让自己的人生有所转机,就必须懂得坚持的力量。永远不放弃、坚持不懈,也许第1001次的跌倒再爬起后,你就能看见胜利的曙光。

重要的是你如何看

如果一个人在46岁的时候，因意外被烧得不成人形，4年后又在一次坠机事故后腰部以下全部瘫痪，他会怎么办？你能想象他在多年后成为百万富翁、受人爱戴的公共演说家、得意扬扬的新郎及成功的企业家吗？你能想象他去泛舟、玩跳伞，在政坛角逐一席之地吗？

米契尔全做到了，甚至有过之而无不及。在经历了两次可怕的意外事故后，他的脸因植皮而变成一块"彩色板"，手指没有了，双腿变得很细小，无法行动，只能坐在轮椅上。

一开始，一场意外把他身上65%以上的皮肤都烧坏了，为此他动了16次手术。手术后，他无法拿起叉子，无法拨电话，也无法一个人上厕所，但曾是海军陆战队队员的米契尔从不认为他被打败了。他说："我完全可以掌握我自己的人生之船，我可以选择把目前的状况看成是一个起点。"6个月之后，他又能开飞机了。

米契尔为自己在科罗拉多州买了一幢维多利亚式的房子，另外也买了一架飞机及一家酒吧。后来他和两个朋友合资开了一家公司，专门生产以木材为燃料的炉子，这家公司后来变成佛蒙特州第二大私人公司。事故发生4年后，米契尔所开的飞机在起飞时又摔回跑道，把他胸部的12块脊椎骨全压得粉碎，腰部以下永远瘫痪。他也曾自问："我不解的是为何这些事总是发生在我身上，我到底是造了什么孽，要遭到这样的报应？"

但米契尔仍不屈不挠，日夜努力使自己能达到最高限度的独立自主，他被选为科罗拉多州孤峰顶镇的镇长，以保护小镇的美景及环境，使之不因矿产的开采而遭受破坏。米契尔后来也去竞选国会议员，他用一句"不是另一个小白脸"的口号，将自己难看的脸转化成一项有利的资产。

尽管面貌骇人、行动不便，米契尔却成功找到了真正欣赏自己的另一半，完成了终身大事，也拿到了公共行政硕士学位，并持续着他的飞行活动、环保运动及公共演说。

米契尔说："我瘫痪之前可以做一万件事，现在我只能做9000件，我可以把注意力放在我无法再做好的1000件事上，或是把目光放在我还能做的9000件事上。我的人生曾遭受过两次重大的挫折，如果我能选择不把挫折拿来当成放弃努力的借口，那么，或许你们可以用一个新的角度来看待那些让你们裹足不前的经历。你可以退一步，想开一点，然后你就有机会说：'或许那也没什么大不了的。'"

智慧点睛

人生之路不如意事常八九,一帆风顺者少,曲折坎坷者多,成功是由无数次失败构成的。在追求成功的过程中,还需正确面对失败。乐观和自我超越就是能否战胜自卑、走向自信的关键。正如美国通用电气公司创始人沃特所说:"通向成功的路,即把你失败的次数增加一倍。"面对挫折和失败,唯有保持乐观积极的态度,才是正确的选择。

不放走一秒钟

美国副总统亨利·威尔逊出生在一个贫苦的家庭,当他还在摇篮里牙牙学语的时候,贫穷就已经向他露出了狰狞的面孔。威尔逊10岁的时候就离开了家,在外面当了11年的学徒工,每年只能接受一个月的学校教育。

在经过11年的艰辛工作之后,他终于得到了1头牛和6只绵羊作为报酬。他把它们换成了84美元。他深知这笔钱来之不易,所以绝不浪费,他从来没有在娱乐上花过一美元,每个美分的花销都是经过精心计算的。

在他21岁之前,他已经设法读了1000本好书——这对一个农场里的孩子,是多么艰巨的任务啊!在离开农场之后,他徒步到100英里(160.9344千米)之外的马萨诸塞州的内蒂克去学习皮匠手艺。他风尘仆仆地经过了波士顿,在那里他可以看见邦克山纪念碑和其他历史名胜。整个旅行他只花费了1美元6美分。

在度过了21岁生日后的第一个月,他就带着一队人马进入了人迹罕至的大森林,在那里采伐原木。威尔逊每天都是在天际的第一抹曙光出现之前起床，然后就一直辛勤地工作到星星出来为止。在夜以继日地辛劳一个月之后，他获得了6美元的报酬。

在这样的困境中，威尔逊先生下定决心，不让任何一个发展自我、提升自我的机会溜走。很少有人能像他一样深刻地理解闲暇时光的价值。他像抓住黄金一样紧紧地抓住零星的时间，不让一分一秒无所作为地从指缝间白白流走。

12年后，他在政界脱颖而出，进入了国会，开始了他的政治生涯。

智慧点睛

总是有那么一些人，在遇到困境时——即使并没有威尔逊遇到的困难大，也仍会抱怨不断，感叹命运的不公，抱怨自己的机遇不好。但是，若我们细心、冷静地分析一下：我们是否已为我们的理想尽力了？我们真的抓住生活中的每一段时光、每一个机会了吗？也许这样的答案才更有助于解答我们的困惑。卓有成就的人就是总比别人多做一点的人，即使身处同样的环境中，他们也总是抓住一切机会接近成功。

对自己说"不要紧"

一天,一位哈佛的老教授在艾米莉的班上说:"我有句箴言要奉送各位,它对你们的学习和生活都会大有帮助,而且可使人心境平和,这就是'不要紧'。"

艾米莉领会到了那句箴言所蕴含的智慧,于是便在笔记本上端端正正地写下了"不要紧"。她决定不让挫折感和失望破坏自己平和的心境。

后来,她的心态遭到了考验。她爱上了英俊潇洒的凯文,他对她很重要,艾米莉确信他就是自己的白马王子。

可是有一天晚上,凯文却温柔婉转地对艾米莉说,他只把她当作普通朋友。艾米莉以他为中心构想的世界当时就土崩瓦解了。那天夜里艾米莉在卧室里哭泣时,觉得笔记本上的"不要紧"那几个字看来很荒唐。"要紧得很,"她喃喃地说,"我爱他,没有他我就不能活。"

但第二日早上艾米莉醒来再看到"不要紧"之后,就开始分析自己的情况:到底有多要紧?凯文很要紧,自己很要紧,我们的快乐也很要紧。但自己会希望和一个不爱自己的人结婚吗？日子一天天过去了，艾米莉发现没有凯文，自己也可以生活得很好。艾米莉觉得自己仍然能快乐，将来肯定会有另一个人进入自己的生活，即使没有，她也仍然能快乐。

几年后，一个更适合艾米莉的人真的来了。在兴奋地筹备婚礼的时候，她把"不要紧"这几个字抛到九霄云外。她不再需要这几个字了，她觉得以后将永远快乐，她的生命中不会再有挫折和失望了。

然而，有一天，丈夫和艾米莉却得知了一个坏消息：他们用来投资做生意的所有的积蓄，全部赔掉了。

丈夫把这个坏消息告诉艾米莉之后，双手捧着额头，懊恼地蹲在地上。她感到一阵凄惘，胃像扭作一团似的难受。艾米莉又想起那句箴言："不要紧。"她心里想："真的，这一次可真的是要紧！"

可是就在这时候，小儿子用力敲打积木的声音转移了艾米莉的注意力。儿子看见妈妈正看着他，就停止了敲击，对她笑着，那笑容真是无价之宝。艾米莉把视线越过他投向窗外，在院子外边，艾米莉看到了生机盎然的花园和晴朗的天空。她觉得自己的胃顿时舒展了，心情也变好了。于是她对丈夫说："一切都会好起来的，损失的只是金钱。实在'不要紧'。"

第八章　感谢苦难的磨炼

> **智慧点睛**
>
> 　　生活中有很多突发的变故,会给我们的心灵带来巨大的压力,很多人会因为这些压力而变得一蹶不振,甚至会因此而失去生活的勇气。事实上,很多问题并不像我们想象得那么严重,面对这些狂风暴雨,如果我们能够尝试着对自己说"不要紧",时刻保持积极的心态,那么这些人生困难最终都将过去。

第九章
快乐积极地生活

　　世上本无事,庸人自扰之。生活中有很多的烦恼都是我们自找的,困扰我们心灵和行动的不是别人,正是我们自己,想要寻找快乐和解脱,就要跳出自我的局限,摆脱困扰自己心灵的枷锁。

积极的克里蒙·斯通

美国联合保险公司董事长克里蒙·斯通，是美国巨富之一、世界保险业巨子，他的经历在哈佛 MBA 的课堂上时常被教授们提起。

斯通生于1902年，父亲早逝，母亲把他抚养长大。斯通的母亲早在斯通十几岁的时候，就把辛辛苦苦积攒下的一点钱投到了底特律的一家小保险经纪社。这家保险经纪社替底特律的美国伤损保险公司推销意外保险和健康保险。推销员仅一人，那就是斯通的母亲。每推出一笔保险，她就会收到一笔佣金——这是她唯一的收入。

斯通16岁时进入了中学。那年夏天，母亲指导他去推销保险。他走到母亲指给他的大楼前，犹豫不决。这时，他默默地念着自己信奉的座右铭："如果你做了，没有损失，还可能有大收获，那就下手去做，马上就做！"

于是，他勇敢地走入大楼，逐个房间进行推销。结果，只有两个人买了保险，但在了解自身优势和掌握推销术方面，他收获不小。第二天，他卖出了4份保险；第三天，6份。假

第九章　快乐积极地生活

期快结束时，他居然创造了一天10份的好成绩，后来一天10份、20份……

那时他发觉，他的成功是因为自己有积极的心态并能积极行动起来。

20岁时，他在芝加哥开了一家保险经纪社——"联合保险公司"，全公司只有他一个人，但开业第一天就销出了54份保险。后来，他的事业一天比一天兴旺。有一天，居然创造了122份的纪录。

后来，他在各州招人，在各处拓展他的事业。公司在各州有一名推销总管，领导推销员的工作，他自己管理各地总管，那时的斯通还不到30岁。

但那个时候，整个美国笼罩在经济大恐慌之中，大家都没有钱买健康和意外保险，真有钱的又宁愿把钱存下来以防万一。这时，斯通给自己加了几条应付困难的座右铭："销售是否成功，决定于推销员，而不是顾客。如果你以坚定的、乐观的心态面对艰难，你反而能从中找到益处。"结果，他每天成交的份数，竟能与以前鼎盛时期保持相同。

1938年底，斯通成了一名百万富翁，而他所领导的保险公司，也成为美国保险业首屈一指的大企业。

> **智慧点睛**
>
> 积极的心态缔造积极的人生,如果翻阅成功人士的成功史,我们不难发现,他们之所以能够领先于别人而出人头地,是因为他们都能保持积极的心态并能积极行动起来。积极的心态加上积极的行动,是取得成功的秘诀。

快乐的塞尔玛

塞尔玛陪伴丈夫驻扎在一个沙漠的陆军基地里。丈夫奉命到沙漠里去演习,她一个人留在陆军的小铁皮房子里,天气热得受不了——在仙人掌的阴影下也有华氏125度。她没有人可聊天——身边只有墨西哥人和印第安人,而他们不会说英语。她非常难过,于是就写信给父母,说要放弃一切回家去。

她父亲的回信只有两行字,这两行字却永远留在她心中,完全改变了她的生活。这两行字是:

> 两个人从牢中的铁窗望出去,
> 一个看到的是泥土,一个却看到了星星。

塞尔玛反复读这封信,突然觉得非常惭愧。她决定要在沙漠中找到星星。

塞尔玛开始和当地人交朋友,他们的反应使她非常惊奇,她对他们的纺织品、陶器产生了兴趣，他们就把最喜欢但舍不得卖给观光客人的纺织品和陶器送给了她。

塞尔玛研究那些引人入迷的仙人掌和各种沙漠植物、动物，又学习有关土拨鼠的知识。她观看沙漠日落，还寻找海螺壳，这些海螺壳是几万年前这片沙漠还是海洋时留下来的……原来难以忍受的环境竟变成了令人兴奋、流连忘返的奇景。

是什么使这位女士内心发生了这么大的转变呢？

沙漠没有改变，人也没有改变，但是这位女士的心态改变了。一念之差，使她把原先认为恶劣的情况，变为一生中最有意义的冒险。她为发现新世界而兴奋不已，并为此写了一本书——《快乐的城堡》。

她从自己造的"牢房"里看出去，终于看到了星星。

智慧点睛

很多时候，我们之所以感到生活枯燥乏味，是因为我们的心态是枯燥乏味的，如果想让生活变得有滋有味，就要改变心态——变消极心态为积极心态。只有这样，你才能真正体会到人生的绚丽多彩。

坚持不懈的帕里斯

1510年,帕里斯出生在法国南部,他一直从事玻璃制造业,直到有一天看到一只精美绝伦的意大利彩陶茶杯。从此,他的命运改变了。

"我也要生产出这样美丽的彩陶。"这是他当时唯一的信念。他建起烤炉,买来陶罐,打成碎片,开始摸索着进行烧制。

几年下来,碎陶片堆得像小山一样,可他心目中的彩陶却仍不见踪影,他甚至无米下锅了。他只得回去重操旧业,挣钱来生活。他赚了一笔钱后,又烧了三年,碎陶片又在砖炉旁堆成了山,可仍然没有好结果。此后连续几年,他挣钱买燃料和其他材料,不断地试验,都没有成功。

多次的失败使人们对他产生了看法。人们都说他愚蠢,是个大傻瓜,连家里人也开始埋怨他。他也只是默默地承受。

试验又开始了,他十多天都没有脱衣服,日夜守在火炉旁。燃料不够了,他拆了院子里的木栅栏,怎么也不能让火停下来呀!又不够了!他搬出家具,劈开,扔进炉子里。还是不够，他又开始拆屋子里的木板。噼噼啪啪的爆裂声和妻子儿女们的哭声，让人听了鼻子酸酸的。

马上就可以出炉了，多年的心血就要有回报了，可就在这时，只听炉内"嘭"的一声，不知是什么爆裂了。出炉一看，所有的产品都沾染上了黑点，全成了次品。这次他又失败了！

帕里斯受到了巨大的打击，他独自一人到田野里漫无目的地走着。不知走了多长时间，优美的大自然终于使他平静下来，他又开始了下一次试验。

经过16年无数次的艰辛历程，他终于成功了，而这一刻，他却很平静。他的作品成了稀世珍宝，价值连城，艺术家们争相收藏。他烧制的彩陶瓦，至今仍在法国的卢浮宫内闪耀着光芒。

智慧点睛

帕里斯的成功之路是艰辛而漫长的，他的成功来得何等不易。在一次又一次的失败中重新站起来，这正是帕里斯获得成功的关键所在。奋斗者不害怕失败。他们将失败视为学习和发展新技能的机会。有人认为失败一无是处，只会给人生带来黑暗。其实恰恰相反，人们从每次失败中可以学习到很多东西，并可以及时调整自己的路线，重新回到正确的道路上来。

是谁捆住了你

有一个年轻人四处奔走,希望能够早日找到解决烦恼的秘诀。

有一天,他来到一个山脚下。只见一片绿草丛中,一位牧童骑在牛背上,吹着横笛,笛声悠扬,逍遥自在。

年轻人走上前去询问:"你看起来很快活,能教给我摆脱烦恼的方法吗?"

牧童说:"骑在牛背上,笛子一吹,什么烦恼也没有了。"

年轻人试了试,不灵。

于是,他又继续寻找。

年轻人来到一条河的河边。只见一位老渔翁坐在柳荫下,手持一根钓竿,正在垂钓。他神情怡然,自得其乐。年轻人走上前去鞠了一个躬:"请问老翁,您能赐我解脱烦恼的办法吗?"渔翁看了他一眼,平静地说道:"来吧,孩子,跟我一起钓鱼,保管你没有烦恼。"

年轻人试了试,还是不灵。

于是，他又继续寻找。

不久，他来到一个山洞里，看见洞内有一个老人独坐在洞中，面带满足的微笑。

年轻人深深鞠了一个躬，向老人说明来意。

老人微笑着摸摸长髯，问道："这么说你是来寻求解脱的？"

年轻人说："对对对！恳请前辈不吝赐教。"

老人笑着问："有谁捆住你了吗？"

"没有……"

"既然没人捆住你，又谈何解脱呢？"

> **智慧点睛**
>
> 世上本无事，庸人自扰之。生活中有很多的烦恼都是我们自找的，困扰我们心灵和行动的不是别人，正是我们自己，想要寻找快乐和解脱，就要跳出自我的局限，摆脱困扰自己心灵的枷锁。
>
> 我们每个人内心都需要有一间恬静的房子，在那里你可以躲避一切的压力和侵扰。一个人想要退到更安静、更能免于困扰的地方，莫过于退入自己的灵魂里，让自己沉潜到一个平静的心绪中。无论身处何处，你都要为自己保留一个开阔的心灵空间，保留一份内在的从容和悠闲。

陶罐里的鲜花

约翰和汉斯是好朋友。有一次他们合伙做卖米的生意。那天晚上他们把米堆在商店外面,第二天早上,米少了许多。约翰记得汉斯起了好几次夜,很可能是他把米转移到其他地方想独吞,因此他认为汉斯占了他的便宜,心中大为不悦。汉斯说他没有看见那些米,约翰不相信,两人吵了起来,发誓不再往来。

第二天约翰一大早外出做生意,推开门发现门口放着一个陶罐,罐里装着几根骨头。按照风俗,这是很不吉利的象征。约翰想,肯定是汉斯诅咒他,他非常生气地将陶罐扔到花园里,就出门了。结果那天他的生意很不好,回到家中他给院子里的花松土施肥时,无意中看到那个破陶罐,就顺便移了几株花栽了进去。

过了几天,约翰的邻居打电话对他说:前一段时间自家的小孩夜里在外面玩,把一个准备泡药的陶罐和一副兽骨药给弄丢了,不知他看见了没有。约翰回家去找陶罐,他惊喜地发现，陶罐里开满了鲜花。这让他很高兴，没想到用来出气的陶罐竟给他带来了意想不到的快乐。

他把陶罐和兽骨还给了邻居。邻居给了他几袋米，并解释说：就在他们把米放在外面的那天夜里，淘气的小孩偷偷拿了一些米，现在很抱歉地还给他。

约翰发现自己错怪了汉斯，他为自己的心胸狭隘感到脸红，觉得自己当初不应该迁怒于汉斯，应该心平气和地向他解释。他决定主动向汉斯道歉，并带上了从陶罐里采摘的鲜花。约翰与汉斯重新成了朋友。

智慧点睛

猜疑心理既伤害了别人，同时也囚禁了原本美好和谐的心灵。不了解人，不了解世界，缺乏判断力是造成猜疑、产生误会的主要原因。因此，要克服猜疑的心理缺陷，就应当走出以自我为中心的心理，相信别人，相信自己。

不要做一只章鱼

有一位即将步入社会的年轻人对自己未来的生活充满了彷徨和忧虑，有一次他去拜访一位心理医生，向他倾诉了自己长久以来的烦恼：没有考上研究生，不确定自己未来的发展；女朋友将去一个人才云集的大公司，很可能会移情别恋……

心理医生让他把烦恼一个个写在纸上，判断其是否真实，同时将结果也记在旁边。

经过实际分析，年轻人发现其实自己真正的困扰很少，他看看那张困扰记录，不禁说："简直是无病呻吟！"心理医生注视着这一切，微微对他点头。接下来，心理医生启发他说："你见过章鱼吧？"年轻人茫然地点点头。

"有一只章鱼，在大海中，本来可以自由自在地游动，寻找食物，欣赏海底世界的景致，享受生命的丰富情趣。但它却找了个珊瑚礁，它的触手吸住珊瑚礁后动弹不得，便呐喊着说自己陷入绝境，你觉得如何？"心理医生用故事的方式引导他思考。他沉默了一会儿，说："您是说我像那只章鱼？"年轻人自己接着说："真的很像。"

于是，心理医生提醒他："当你陷入烦恼而彷徨时，记住，你就好比那只章鱼，要松开你的八只手，让它们自由游动。系住章鱼的是自己的手臂，而不是珊瑚礁。"

人的心很容易被种种烦恼和物欲所捆绑，那都是自己把自己关进去的，是自投罗网的结果，就像那只章鱼，作茧自缚。

智慧点睛

生活中有很多烦恼和压力都是我们自己通过想象力编造出来的，我们的心灵也很容易因此而受到困扰和束缚。要摆脱这些困扰心灵的枷锁，我们就要跳出烦恼的圈子，正视烦恼，这样，它们就会变得不堪一击。

即将失明的帕克

帕克在一家汽车公司上班。很不幸,一次机器故障导致他的右眼被击伤,经过抢救后还是没有保住,医生摘除了他的右眼球。

帕克原本是一个十分乐观的人,现在却变得沉默寡言起来。他害怕上街,因为总是有那么多人看他的眼睛。

他的休假一次次被延长,妻子艾丽丝负担起了家庭的所有开支,而且她在晚上又兼了一个职。她很在乎这个家,她爱着自己的丈夫,想让全家过得和以前一样。艾丽丝认为丈夫心中的阴影总会消除的,只是时间问题。

但糟糕的是,帕克的另一只眼睛的视力也受到了影响。在一个阳光灿烂的早晨,帕克问妻子谁在院子里踢球时,艾丽丝惊讶地看着丈夫和正在踢球的儿子。在以前,即使儿子走到更远的地方,他也能看到。艾丽丝什么也没有说,只是走近丈夫,轻轻地抱住他的头。

帕克说:"亲爱的,我知道以后会发生什么,我已经意识到了。"

艾丽丝的眼泪流了下来。

其实，艾丽丝早就知道这种后果，只是她怕丈夫受不了打击而要求医生不要告诉他。

帕克知道自己要失明后，反而镇静多了，连艾丽丝也感到奇怪。

艾丽丝知道帕克能见到光明的日子已经不多了，她想为丈夫做点什么。她每天把自己和儿子打扮得漂漂亮亮，还经常去美容院。在帕克面前，不论她心里多么悲伤，却总是努力微笑。

几个月后，帕克说："艾丽丝，我发现你新买的套裙看起来旧了！"

艾丽丝说："是吗？"

她奔到一个他看不到的角落，低声哭了。她那件套裙的颜色在太阳底下绚丽夺目。

她想，还能为丈夫留下什么呢？

第二天，家里来了一个油漆匠，艾丽丝想把家具和墙壁粉刷一遍，让帕克的心中永远有一个新家。

油漆匠工作得很认真，一边干活还一边吹着口哨。干了一个星期，终于把所有的家具和墙壁刷好了，他也知道了帕克的情况。

油漆匠对帕克说："对不起，我干得很慢。"

帕克说："你天天那么开心，我也为此感到高兴。"

算工钱的时候，油漆匠少算了100美元。

第九章　快乐积极地生活

艾丽丝和帕克说:"你少算了工钱。"

油漆匠说:"我已经多拿了,一个等待失明的人还那么平静,你告诉了我什么叫勇气。"

帕克却坚持要多给油漆匠100美元,帕克说:"我也知道了原来残疾人也可以自食其力,生活得很快乐。"原来油漆匠只有一只手。

智慧点睛

你还在为即将到来或正发生在自己身上的不幸而担忧吗?其实,这些困难并不像你想象得那样可怕。哀莫大于心死,只要自己还持有一颗乐观、充满希望的心,身体的残缺又有什么影响呢?人的潜力是无穷的,世界上没有任何事情能够将人的心完全压制。只要相信自己,人生就没有承受不了的事。同一件事,想开了就是天堂,想不开就是地狱。人生的成功与失败、快乐与悲伤、幸福与坎坷,全在我们的一念之间。

没有什么不可以改变

有一天,珍妮整理旧物时,偶然翻出几本过去的日记。

日记本的纸张有些发黄了,字迹透着年少时的稚嫩,她随手拿起一本翻看。

"今天,老师公布了期末成绩,我万万没有想到,我竟然考了第五名,这是我入学以来第一次没有考第一,我难过地哭了,晚饭也没有吃,我要惩罚自己,让自己永远记住这一天,这是我一生中最大的失败。"

看到这里,珍妮自己忍不住笑了,她已经记不得当时的情景了,也难怪,自离开学校后这十几年所经历的失败与痛苦,哪一个不比当年没有考第一更重呢?

她翻过这一页,再继续往下看。

"今天,我非常难过,我不知道妈妈为什么那样做?她究竟是不是我的亲妈妈?我真想离开她,离开这个家。过几天就要选择大学了,我要申请其他州的大学,离家远远的,我走了以后再不回这个家!"

第九章　快乐积极地生活

看到这，珍妮不禁有些惊讶，努力回忆当年，妈妈做了什么事让自己那么伤心难过，但是怎么也想不起来。又翻了几页，都是些现在看来根本不算什么可是在当时却感到"非常难过""非常痛苦"或"非常难忘"的事，看了觉得十分好笑。珍妮放下这本又拿起另一本，翻开，只见扉页上写道："献给我最爱的人——你的爱，将伴我一生！我的爱，永远不会改变！"看了这一句，珍妮的眼前模模糊糊地浮现出一个男孩的身影。曾经以为他就是自己生命的全部，可是离开校园以后，他们就没有再见过面，她不知道他现在在哪儿、在做什么，她只知道他的爱没有伴自己一生，她的爱也早已经改变。

> **智慧点睛**
>
> 　　没有什么不可以改变。失败可以转化为成功，痛苦可以转化为幸福的记忆。无论遭遇什么样的挫折和变故，我们都要以轻松、豁达的心态来看待。

化劣势为优势

一位神父要找三个小男孩,帮助自己完成主教分配的1000本《圣经》的销售任务。

神父觉得自己只能完成300本的销售量,于是他决定找几个能干的小男孩卖掉剩下的700本《圣经》。神父对于"能干"是这样理解的:口齿伶俐,言辞美妙,让人们欣喜地做出购买《圣经》的决定。于是按照这样的标准,神父找到了两个小男孩,这两个男孩都认为自己可以轻松卖掉300本《圣经》。可即使这样,还有100本没有着落,为了完成主教分配的任务,神父降低了标准,于是他找到了第三个小男孩。给他的任务是尽量卖掉100本《圣经》,因为第三个男孩口吃很厉害。

五天过去了,那两个小男孩回来了,并且告诉神父情况很糟糕,他们俩总共只卖了200本。神父觉得不可思议,为什么两个人只卖掉了200本《圣经》呢?正在发愁的时候那个口吃的小男孩也回来了,他没有剩下一本《圣经》,而且带来了一个令神父激动不已的消息：他的一个顾客愿意买他剩下的所有《圣经》。这意味着神父将能卖掉这1000本的《圣经》。

神父感到困惑。被自己看好的两个小男孩让自己失望，而当初自己根本不当回事的小结巴却成了自己的福星，神父决定问问他。

神父问小男孩："你讲话都结结巴巴的，怎么会这么顺利就卖掉我所有的《圣经》呢？"小男孩答道："我……跟……见到的……所有……人……说，如……果不……买，我就……念《圣经》给他们……听。"

智慧点睛

海伦·凯勒说："由于人们自身条件的不同，人们必须学会善用上帝赋予的一切。不要因为天生抓了一副坏牌就沮丧、诅咒。"坏牌并不一定就意味着输，只要你是一名高明的打牌者，手握坏牌也可以赢。

要学好，要做得好

唐纳德认为自己的妈妈真是个了不起的女人。爸爸因心脏病去世时，他才21个月大，哥哥也只有5岁。妈妈虽无一技之长，也没有受过教育，却毅然担负起抚育两个孩子的责任。

唐纳德9岁时找到了一份在街上卖《杰克逊维尔日报》的工作。他需要那份工作是因为他们需要钱——虽然只有那么一点点钱。但是唐纳德有些害怕，因为他要到闹市区去取报卖报，然后在天黑时坐公共汽车回家。他在第一天下午卖完报后回家时，便对妈妈说："我绝不再去卖报了。"

"为什么？"她问道。

"你不会要我去的，妈妈。那儿的人粗手粗口，非常不好。你不会要我在那种鬼地方卖报的。"

"我不要你粗手粗口，"她说道，"人家粗手粗口，是人家的事。你卖报，可以不必跟他们学。"

她并没有吩咐唐纳德回去卖报，可是第二天下午，他照样去了。那天稍晚的时候，唐纳德在圣约翰河上吹来的寒风中冻得要死，一位衣着考究的女士递给他一张5美元的钞票，

第九章　快乐积极地生活

说道："这足够付你剩下的那些报纸钱了，回家吧，你在这外面会冻死的。"结果，唐纳德做了他确信妈妈也会做的事——谢谢她的好心，然后继续待下去，把报纸全卖掉后才回家。他知道：冬天挨冻是意料中的事，不是罢手的理由。

等到唐纳德长大了以后，每次要出门时，妈妈都会告诫他："要学好，要做得对。"人生可能会遇到的事，全能用得上这句话。最重要的是，她教他一定要苦干。她说："要是牛陷在河里，你非要拉它出来不可。"

> **智慧点睛**
>
> 　　生命的天空异彩纷呈。面对不幸，面对困境，我们所要做的不是怨天尤人，自暴自弃，而应该不断捕捉生存智慧，学会勇敢和坚强。要知道，上帝永远是公平的。等到有一天，你真正将自己打磨成一块熠熠生辉的金子时，任何人都掩不住你灿烂夺目的光辉。

第十章
走出情绪的孤岛

　　一位哲人曾经说过,犯错误在所难免,宽容和忍让才能够换来最甜蜜的结果。一个人经历过一次忍让,就会多一份宽阔的心胸。多一分宽容,就会多一个朋友,少一个敌人。如果没有宽恕之心,生命就会被无休止的仇恨和报复所支配。忍让和宽容不是懦弱和怕事,而是关怀和体谅,以己度人,推己及人,我们就能与别人和睦相处,甚至能够化敌为友。

宽容的是别人，受益的是自己

哈佛社会心理学教授罗伊讲过一个发人深省的心理故事：

从前有一个富翁，他有三个儿子，在他年事已高的时候，富翁决定把自己的全部财产留给三个儿子中的一个。可是，到底要把财产留给哪一个儿子呢？富翁于是想出了一个办法：他要三个儿子花一年时间去游历世界，回来之后看谁做了最高尚的事情，谁就是财产的继承者。

一年时间很快就过去了，三个儿子陆续回到家中，富翁要三个人都讲一讲自己的经历。大儿子得意地说："我在游历世界的时候，遇到了一个陌生人，他十分信任我，把一袋金币交给我保管，可是那个人却意外去世了，我就把那袋金币原封不动地交还给了他的家人。"二儿子自信地说："当我旅行到一个贫穷落后的村落时，看到一个可怜的小乞丐不幸掉到湖里，我立即跳下马，从湖里把他救了起来，并留给他一笔钱。"三儿子犹豫地说："我，我没有遇到两个哥哥碰到的那种事，在我旅行的时候遇到了一个人，他很想得到我的钱袋，一路上千方百计地害我，我差点死在他手上。可是有一天我经过悬崖

第十章 走出情绪的孤岛

边,看到那个人正在悬崖边的一棵树下睡觉,当时我只要抬一抬脚就可以轻松地把他踢到悬崖下,我想了想,觉得不能这么做;正打算走,又担心他一翻身掉下悬崖,就叫醒了他,然后继续赶路了。这实在算不了什么有意义的经历。"

富翁听完三个儿子的话,点了点头说道:"诚实、见义勇为都是一个人应有的品质,称不上是高尚。有机会报仇却放弃,反而帮助自己的仇人脱离危险的宽容之心才是最高尚的。我的全部财产都是老三的了。"

智慧点睛

你在憎恨别人时,心里总是愤愤不平,希望别人遭到不幸、惩罚,却又往往不能如愿,在失望和莫名烦躁之后,你失去了往日那份轻松的心境和快乐的情绪,从而心理失衡。不妨做一次换位思考,假如你自己处于这种情况,会如何应付?当你熟悉的人伤害了你时,想想他往日在学习或生活中对你的帮助和关怀,以及他对你的好,这样,心中的火气、怨气就会大减,就能以包容的态度谅解别人的过错或消除相互之间的误会,化解矛盾,与其和好如初。这样,包容的是别人,受益的却是自己。

人性中最伟大的善念

森林被皑皑白雪覆盖着，寒风从银装素裹的大地上呼啸而过。密得森太太和她的三个孩子围坐在火堆旁，她看着孩子们说笑，试图驱散自己心头的愁云。

一年以来，她用自己无力的双手努力支撑着这个家庭，但日子一直很艰难，正在烧烤的那条青鱼是他们仅剩的食物。当她看着孩子们的时候，凄苦、无助的内心充满了焦虑。

几年前，死神带走了她的丈夫。她可怜的孩子弗洛姆离开森林中的家，去遥远的海边寻找财富，再也没有回来。

但直到这时她都没有绝望。她不仅供应自己孩子的吃穿，还总是帮助穷困无助的人。虽然她的日子过得也很艰难，但她相信在上帝紧锁的眉头后面，有一张微笑的脸。

这时门口响起了轻轻的敲门声和嘈杂的狗吠声。小儿子约翰跑过去开门，门口出现了一位疲惫的旅人，他衣衫不整，看得出他走了很长的路。陌生人走进来，想借宿一晚，并要一口吃的。他说："我已经有三天没吃过东西了。"这让密得森太太想起了她的弗洛姆，她没有犹豫，把自己剩余的食物

第十章 走出情绪的孤岛

分了一些给这位陌生人。当陌生人看到只有这么一点点食物时,他抬起头惊讶地看着密得森太太。"这就是你们所有的东西?"他问道,"而且还把它分给不认识的人?你把最后的一口食物分给一位陌生人,不是太委屈你的孩子了吗?"

她说:"我们不会因为一个善行而被抛弃或承受更深重的苦难。"泪水顺着她的脸庞滑下,"我亲爱的儿子弗洛姆,如果上帝没有把他带走,他一定在世界的某个角落。我这样对待你,希望别人也这样对待他。今晚,我的儿子也许在外流浪,像你一样穷困,要是他能被一个家庭收留,哪怕这个家庭和我的家一样破旧,他一样会感到无比的温暖的。"

陌生人从椅子上跳起,双手抱住了她,说道:"上帝真的让一个家庭收留了你的儿子,而且让他找到了财富。哦!妈妈,我就是你的弗洛姆。"

他就是那个杳无音信的儿子,他从遥远的国度回来了,想给家人一个惊喜。的确,这是上帝给这个善良母亲最好的礼物。

> **智慧点睛**
>
> 世上还有什么礼物比这来得珍贵?恐怕没有了。上帝要考验这位母亲的善良,因为善良的母亲才配享受欢乐和幸福。
>
> 待人如待己,正是这位平凡的母亲以爱和真诚感动了上帝,上帝才为她寒冷的冬日送上了一份温暖的礼物。学会爱与被爱,是所有人所能学到的最宝贵的知识之一。

铁块的价值

一个铁块的最佳用途是什么呢?

第一个打造铁块的人是个技艺不纯熟的铁匠,而且没有要提高技艺的雄心壮志。在他眼中,这个铁块的最佳用途莫过于把它制成马掌,他为此还自鸣得意。他认为这个铁块每磅(一磅即0.45359237千克)只值两三美分,所以不值得花太多的时间和精力去加工它。他强健的肌肉和三脚猫的技术已经把这块铁的价值提高到10美元了,对此他已经很满意了。

此时,来了一个磨刀匠,他受过一点更好的训练,有一点野心和一点更高的眼光,他对这块铁看得更深些,他研究过很多煅冶的工序,他有工具,有研磨抛光的机器、有烧制铁的炉子。于是,铁被熔化掉,炭化成钢,然后被取出来,经过煅冶,被加热到呈橙红色,然后投入冷水中以增强韧度,最后细致耐心地进行研磨抛光。当所有这些都完成之后,奇迹出现了,磨刀匠竟然制成了价值2000美元的刀片。经过提炼加工,这块铁的价值已被大大提高了。

另一个工匠看了磨刀匠的出色成果后说:"如果依你的技

第十章 走出情绪的孤岛

术做不出更好的产品，那么能做成刀片也已经相当不错了。但是你应该明白这块铁的价值你连一半都还没挖掘出来，它还有更好的用途。我研究过铁，知道它里面藏着什么，知道能用它做出什么来。"

与前两个工匠相比，这个工匠的技艺更精湛，眼光也更犀利，他受过更好的训练，有更高的理想和更坚韧的意志力，他能更深入地看到这块铁的成分——不再囿于马掌和刀片——他用显微镜般精确的双眼把铁变成了最精致的针头。他已使磨刀匠的产品的价值翻了数倍，他认为他已经榨尽了这块铁的价值。当然，制作针头需要有比制造刀片更精细的工序和更高超的技艺。

但是，这时又来了一个技艺更高超的工匠，他的头脑更灵活，手艺更精湛、更有耐心，而且受过顶级训练，他对马掌、刀片、针头不屑一顾，他将这块铁做成了精细的钟表发条。别的工匠只能看到价值仅几千美元的刀片或针头，他那双犀利的眼睛却看到了价值10万美元的产品。

然而，故事还没有结束，一个更出色的工匠出现了。他告诉大家，这块铁还没有物尽其用，他可以用这块铁造出更有价值的东西。在他的眼里，即使钟表发条也算不上上乘之作。他知道用这种铁可以制成一种弹性物质，而一般粗通冶金学的人是无能为力的。他知道，如果煅铁时再细心些，它就不会再坚硬锋利，而会变成一种特殊的金属。

这个工匠用犀利的眼光看出，钟表发条的每一道制作工序都可以改进，每一个加工步骤还能更完善，金属质地还可以精益求精，它的每一个纹理都能做得更完善。于是，他采用了许多精加工和细致煅冶的工序，成功地把他的产品变成了人眼几乎看不见的精细的游丝线圈。一番艰苦劳作之后，他梦想成真，把粗铁块变成了价值100万美元的产品，同样重量的黄金的价格都比不上它。

但是，铁块的价值还没有完全被完全发掘，还有一个工匠，他的工艺水平已是登峰造极。他拿来一块铁，精雕细刻之下所呈现出的东西使钟表发条和游丝线圈都黯然失色。待他的工作完成之后，铁块成了牙医常用来勾出最细微牙神经的精致钩状物。一磅这种柔细的带钩钢丝，要比黄金贵几百倍。

智慧点睛

铁块尚有如此挖掘不尽的财富，更何况人呢？每个人的体内都隐藏着无限丰富的生命能量，只要我们不断去开发，它就可以无限大。潜能是每个人固有的天然宝库，每个人身上都有一个取之不尽、用之不竭的潜能宝库。不过大多数人心中的巨人都在酣睡。一旦巨人醒来，宝库打开，连你自己都会感到吃惊。美国学者詹姆斯根据研究成果说："普通人只发掘了他蕴藏能力的十分之一。与应当取得的成就相比，我们不过是在沉睡。我们只利用了我们身心资源的很小的一部分，甚至可以说一直在荒废……"挖掘自我潜能吧，你将可以创造奇迹。

教授的难题

在一次培训课上,企业界的精英们正襟危坐,等着听管理教授关于企业运营的报告。门开了,教授走进来,矮胖的身材圆圆的脸,左手提着个大提包,右手擎着个涨得圆鼓鼓的气球。精英们很奇怪,但还是有人立即拿出笔和本子,准备记下教授精辟的分析和坦诚的忠告。

"噢,不,不,你们不用记,只要用眼睛看就足够了,我的报告将非常简单。"教授说道。

教授从包里拿出一只开口很小的瓶子放在桌子上,然后指着气球对大家说:"谁能告诉我怎样把这只气球装到瓶子里去?当然,你不能这样,嘭!"教授滑稽地做了个气球爆炸的姿势。

众人面面相觑,都不知教授葫芦里卖的什么药,终于一位女士说:"我想,也许可以改变它的形状……"

"改变它的形状?嗯,很好,你可以为我们演示一下吗?"

"当然。"女士走到台上,拿起气球小心翼翼地捏弄。她想利用橡胶柔软可塑的特点,把气球一点点塞到瓶子里。但这远远不像她想得那么简单,很快她发现自己的努力是徒劳的,于是她放下手里的气球,道:"很遗憾,我承认我的想法行不通。"

"还有人要试试吗?"

无人响应。

"那么好吧,我来试一下。"教授道。他拿起气球,三下两下便解开气球嘴上的绳子,"嗤"的一声,气球变成了一个软耷耷的小袋子。

教授把这个小袋子塞到瓶子里,只留下吹气的口儿在外面,然后用嘴巴衔住,用力吹气。很快,气球鼓起来,胀满在瓶子里,教授再用绳子把气球的嘴儿给扎紧。"瞧,我改变了一下方法,问题迎刃而解了。"教授露出了满意的笑容。

教授转过身,拿起笔在写字板上写了个大大的"变"字,说:"当你遇到一个难题,解决它很困难时,那么你可以改变一下你的思路。"他指着自己的脑袋,"思想的改变,现在你们知道它有多么重要了。这就是我今天要说明的。"

精英们开始交头接耳,一些人脸上露出心领神会的笑容。

停了片刻,教授又开口了:"现在,还有最后一个问题,这是个简单的问题。"他从包里拿出一只新瓶子放到台上,指着那只装着气球的瓶子说:"谁能把它放到这只新瓶子里去?"

精英们看到这只新瓶子并没有原来那个瓶子大,直接装进去是根本不可能的。但这样简单的问题难不住头脑机敏的精英们,一个高个子的中年男人走过去,拿起瓶子用力向地上掷去,瓶子碎了,中年人拾起一块块残片装入新瓶子。

教授点头表示称许,精英们对中年人采取的办法并没有感到意外。

第十章 走出情绪的孤岛

这时教授说:"先生们、女士们,这个问题很简单,只要改变瓶子的状态就能完成,我想你们大家都想到了这个答案,但实际上我要告诉你们的是:一项改变最大的极限是什么。瞧!"教授举起手中的瓶子,"就是这样,最大的极限是完全改变旧有状态,彻底打碎它。"

教授看着他的观众,补充道:"彻底的改变需要很大的决心,如果有一点点留恋,就不能够真的打碎。你们知道,打碎了它就是毁了它,再没有什么力量能把它恢复得和从前一模一样。所以当你下决心要打碎某个事物时,你应当再一次问自己:我是不是真的不会后悔?"

讲台下面鸦雀无声,精英们琢磨着教授话中的深意。教授收拾好自己的包,说:"感谢在座的诸位,我的报告结束了。"然后飘然而去。

智慧点睛

从哲学的角度来讲,唯一不变的东西就是变化本身。我们生活在一个瞬息万变的世界里,应当学会适应变化。不通则变,一心求变的人要知道,变的极限是毁,用到思维上就是不破不立。学会变通地去应对工作和生活中的困难,我们定能做到无往不利。在竞争日益激烈的今天,我们要保持灵活的头脑,积极应对外界的变化,转化思路,打破循规蹈矩的传统观念,才能事半功倍。

宽容大度的格兰特

前些年，曼彻斯特的一位出版商出版了一本小册子，里面的言辞低级粗野，竭尽全力地丑化"格兰特兄弟"公司，使其受到公众的讥笑。威廉姆·格兰特十分气愤，他说写这册子的人一定会后悔的。一些爱看热闹的人又把此话告诉了诽谤者，这个出版商毫不在意地说："他不就是认为我以后会欠他债吗？我会小心行事的。"但一个生意人是不可能自己选择债主的，不巧的是，这个出版商后来真的破产了，而格兰特手中恰好有一张他的承兑汇票。那是另一个破产的商人转让的，上面还有他的转让认可签名。

受诽谤者居然成了诽谤者的债主！他们现在可以让那些诽谤者为自己不负责任的言行而后悔了，如果没有债主的签名，诽谤者便拿不到证明和执照，也就再也不能经商了。现在，这个出版商已得到了债主的全部签名，除了格兰特那一个，但是，他又怎么能够奢望格兰特兄弟公司补上这最后一个签名呢？让被谣言伤害的人对造谣者毫不计较，怎么可

第十章 走出情绪的孤岛

能!出版商感到十分绝望。他的妻子和孩子劝他还是去试一试,于是他忐忑不安地来到了格兰特兄弟公司。

格兰特先生独自一人在办公室,他对造谣者的第一句话是:"关上门,先生!"语气严肃而有力。造谣者紧张而愧疚地站在格兰特面前,面红耳赤地说明了自己的情况,然后递上证明文件。格兰特先生接过证明,边看边说:"你曾出版过一本诽谤我的册子。"出版商于是感到一切都完了,可事实却超出他的想象,格兰特先生很快便在文件上写了几句,然后把它还给造谣者。这个灰心失望的造谣者认为上面一定写着大骂他诽谤的坏话,可当他绝望地看文件时,映入眼帘的却是格兰特先生清晰的签名。

"这是我们的规定,"格兰特先生说,"任何时候都不会拒绝为一个诚实的商人签名,而在这一方面,我们认为你没什么不好。"出版商泪水盈眶,而格兰特先生则继续说道:"我说过会让你为从前的作为后悔的,现在不是做到了吗?那并不是威胁,只是要你在了解我们之后,为自己曾伤害过这样的人们而难过。我想你如今已经后悔了。"

"当然,事实如此!"出版商激动地说道,"我从没有如此强烈地后悔过。"

接着,他们进行了平和的谈话,这个破产者谈到今后的打算,拿到证明和执照后,会有朋友来帮助自己。"那你现在还剩多少钱呢?"格兰特问。出版商坦白地说,家里稍微值钱的东西全抵给债主了,而为了凑够办理证明和执照的钱,他必须缩减家里的日常开支。"伙计,这样可不行。"格兰特先生摇摇头,"我怎么能忍心让你的家人在贫苦中挣扎呢?把这十万英镑交给你妻子吧。不要哭,一切都会过去的。燃起斗志,像真正的男子汉一样拼搏,你很快就会为之骄傲和自豪。"出版商感动极了,他想感谢格兰特先生,却什么也说不出来,最后捂着脸,像孩子一样呜咽着走出去了。

智慧点睛

宽容的力量常常能使误入歧途的人返回正确的轨道,也能够化敌为友。它就是那么神奇,比任何道理都更有说服力。它的魅力来源于发自内心的真诚与崇高,因此才会拥有格外迷人的温暖。宽容有时意味着我们要失去某种利益,但为了解除纠纷带来的迷惑,舍弃这点利益是非常必要的,站立在宽容背后的影子是高尚。宽容不是一概而论的,当真正的敌人站在我们面前的时候,我们应该放弃宽容,变得坚不可摧。宽容也应该是一种气量,能广纳百川大海,方显英雄本色。

原谅他人的过错

毕业于哈佛大学的经济学家保罗·萨缪尔森,曾获诺贝尔经济学奖,他主张人们在交往中应当多一些体谅而非责难。

包布·胡佛是一位著名的试飞员,并且常常在航空展览中做飞行表演。一天,他在圣地亚哥航空展览中表演完毕后飞回洛杉矶。正如《飞行》杂志所描写的,在空中300米的高度,飞机的两个引擎突然熄火。由于技术熟练,他操纵着飞机成功着陆,但是飞机严重损坏,幸运的是没有人受伤。

在迫降之后,胡佛的第一个任务是检查飞机的燃料。正如他所预料的,他所驾驶的第二次世界大战时的螺旋桨飞机,居然装的是喷气式飞机的燃料而不是汽油。

回到机场以后,他要求见见为他保养飞机的机械师。年轻的机械师因所犯的错误极为自责和难过。当胡佛走向他的时候,他泪流满面。他造成了一架非常昂贵的飞机的报废,差一点还使三个人失去了生命。

你可能认为胡佛必然大为震怒,并且预料这位极有荣誉心、事事要求精确的飞行员必然会痛斥机械师的疏忽。但是,胡佛并没有责骂那位机械师,甚至没有批评他。相反,他拍了拍机械师的肩膀,对他说:"为了表示我相信你不会再犯错误,我要你明天再为我保养飞机。"

智慧点睛

我们平时大概会习惯责骂他人的错误,尤其是当他们的错误对我们的生活产生了不利的影响时,我们可能会因此而失控。当怨恨之情占据我们的心灵,辱骂就会随之而来。但若细想一下便会发现,辱骂除了让我们的情绪变坏外别无所获,有时甚至会越骂越糟,导致双方关系破裂或留下伤痕。因此,相较之下,原谅才是一个有益的选择。

将理想保持25年

有个叫布罗迪的英国教师，在整理阁楼上的旧物时，发现了一叠练习册。它们是皮特金中学31位孩子的春季作文，题目叫《未来我是……》。他本以为这些东西在德军空袭伦敦时被炸飞了，没想到它们竟安然地躺在自己家里，并且一躺就是25年。

布罗迪随便翻了几本，很快被孩子们千奇百怪的想象迷住了。比如：有个叫彼得的学生说，未来的他是海军大臣，因为有一次他在海中游泳，喝了3升海水，都没被淹死；还有一个说，自己将来必定是法国的总统，因为他能背出25个法国城市的名字，而同班的其他同学最多的也只能背出7个；最让人称奇的，是一个叫戴维的盲人学生，他认为，将来他必定是英国的内阁大臣，因为在英国还没有一个盲人进入过内阁。总之，31个孩子都在作文中描绘了自己的未来。有当驯狗师的、有当领航员的、有做王妃的……五花八门，应有尽有。

布罗迪读着这些作文，突然有一种冲动——何不把这些本子重新发到同学们手中，让他们看看现在的自己是否实现了25年前的梦想。当地一家报纸得知他这一想法，为他发了一则启事。没几天，书信向布罗迪飞来。他们中间有商人、学者及政府官员，更多的是没有身份的人。他们都表示，很想知道儿时的理想，并且很想得到那本作文簿。布罗迪于是按地址一一给他们寄去。

一年后，布罗迪身边仅剩下一个作文本没人索要。他想，这个叫戴维的人也许死了，毕竟25年了，25年间什么事都会发生的。

就在布罗迪准备把这个本子送给一家私人收藏馆时，他收到了英国内阁教育大臣布伦克特的一封信。他在信中说："那个叫戴维的就是我，感谢您还为我们保存着儿时的理想。不过我已经不需要那个本子了，因为从那时起，我的理想就一直在我的脑子里，没有一天放弃过。25年过去了，可以说我已经实现了那个理想。今天，我还想通过这封信告诉我其他的30位同学，只要不让年轻时的理想随岁月飘逝，成功总有一天会出现在你的面前。"

布伦克特的这封信后来被发表在《太阳报》上，因为他作为英国第一位盲人大臣，用自己的行动证明了一个真理：假如谁能把15岁时想当总统的理想保持25年，那么他现在一定已经是总统了。

第十章 走出情绪的孤岛

智慧点睛

一个具有崇高理想的人,毫无疑问会比一个根本没有目标的人更有作为。有句苏格兰谚语说:"扯住穿金制长袍的人,或许可以得到一只金袖子。"那些志存高远的人,所取得的成就必定远远高于起点。即使你的目标没有完全实现,你为之付出的努力本身也会让你受益终生。

最绅士的报复

"我一定要报复他,我要让他从心底感到后悔。"迈克尔气得满脸通红,不停地咕哝着。他想得出了神,以至于没发现身后的约翰逊。

约翰逊问道:"谁?你要报复谁呀?"迈克尔如梦方醒,抬头一看,见是自己的好朋友,便笑了起来。他说:"哦,你还记得我父亲送我的那截漂亮的竹条吗?你看,折成了现在这个样子。这都是罗宾逊的儿子干的!"

约翰逊非常冷静地问他小罗宾逊为什么要折弄竹条。迈克尔答道:"我刚才正走得好好的,边走边把竹条缠绕在身上玩。一不小心,它的一端脱了手。当时我在木桥边,正对着大门,那个小坏蛋在那儿放了一罐水,准备挑回家。刚巧,我的竹条弹回来把水罐打翻了,可并没有碎。就在我向他赔礼道歉的时候,他跳过来就骂,毫不理会我的解释。他突然抓住我的竹条,你看嘛,都折成这个样子了,我会叫他后悔的。"

约翰逊说:"他的确是个坏孩子,为此,他已经受到了足

第十章 走出情绪的孤岛

够的惩罚,没人喜欢他,他几乎没什么伙伴,没什么娱乐方式,这是他应得的。我想,这些足够作为你对他的报复了。"

迈克尔答道:"事情虽是这样,但他弄坏了我的竹条,那么漂亮的竹条,那可是我父亲送给我的礼物啊!要知道,我只是无意间碰倒了他的罐子,我还说要帮他重新打满。我要报复。"约翰逊说:"好吧,迈克尔。不过我认为你不理他会更好些。因为轻视就是你对他最大的报复了。对了,我想起一个关于他的笑话:有一次,他看到一只蜜蜂在花丛中飞来飞去,就想把它抓住再揪掉它的翅膀。可惜,他很倒霉,蜜蜂蜇了他一下。他被疼痛激怒了,就像你现在这样,他发誓要报仇。于是,他找来一根棍子,朝蜂窝捅了几下。刹那间,一群群的蜜蜂飞了出来,向他扑去,他浑身上下被蜇了几百下。他惨叫着,痛得在地上滚来滚去。他父亲闻讯赶来,也没能赶走蜂群,他躺在床上休息了好几天。你看见了,他的报复也没怎么得胜。所以,我劝你不要计较他的鲁莽。他是个坏家伙,比你厉害多了。真要报复的话,我怀疑你还没有他那点本事呢!"

迈克尔说:"你的建议的确不错,那么跟我一起到我父亲那儿去吧,我想告诉他事情的真相,相信他不会生气的。"于是,他们去把整个事情的经过告诉了迈克尔的父亲。迈克尔的父亲非常感激约翰逊给他儿子的忠告,并答应迈克尔,他会再送他一根完全一样的竹条。没过几天,迈克尔碰见那个品性恶劣的男孩正挑着一担重重的木柴向家走去,结果跌在地上,爬不起来了。迈克尔跑过去帮他放好木柴。小罗宾逊

243

感到非常愧疚,心里难受极了,他为以前的行为感到后悔!而迈克尔则欢欢喜喜地回家去了。他想:"这是最绅士的报复,以德报怨,对此,我怎么可能感到后悔呢?"

> **智慧点睛**
>
> 　　最绅士的报复就是以德报怨,宽容有比责罚更强烈的感化力量。一个凡事总爱锱铢必较的人,多半是心胸狭隘之人。
> 　　一个心胸豁达的人走到哪儿都会有良好的人缘、朋友的帮助。相反,斤斤计较的人总是让人们避之不及。